中国地质调查"DD20160060"项目资助

特殊地质地貌区填图方法指南丛书

# 长三角平原区 1 ∶ 50000 填图方法指南

李向前　赵增玉　邱士东　程　瑜　盛　君　郭　刚等　著

科 学 出 版 社

北　京

# 内 容 简 介

本书主要介绍长三角平原区 1：50000 区域地质填图的技术方法体系及成果推广应用。以江苏 1：50000 港口等 5 幅平原区填图试点为例，围绕长三角深覆盖平原区 1：50000 基础地质填图的目标任务，采取多种有效技术方法组合，开展多层次、多尺度的地质填图，分别对浅层沉积物（0～4m）、第四纪以来松散层及基岩地质三个深度层次的有效地质填图技术方法进行研究。采用槽型钻 +DEM+RS 多方法融合手段调查浅表沉积组合，填绘浅层沉积单元；采用钻孔、综合地球物理测井、多重地层划分相结合的方法建立第四纪地层格架，查清第四纪以来松散层组成及分布；通过区域重磁资料结合浅层地震勘查，研究基底地质特征；从而有效填绘各层次地质信息。基于多种信息源，建立不同深度、不同精度的三维地质模型，通过三维建模客观表达多层次地质结构特征，丰富了平原区 1：50000 填图成果图件体系。探索不同层次填图成果的应用领域，为平原区 1：50000 填图的地质图件表达及成果应用提供示范。

本书可作为长三角深覆盖平原区地质填图工作指南，也可供基础地质、水文地质、工程地质、环境地质、地下空间等领域的科研人员参考。

**图书在版编目（CIP）数据**

长三角平原区 1： 50000 填图方法指南 / 李向前等著 . —北京：科学出版社 , 2018.6

（特殊地质地貌区填图方法指南丛书）

ISBN 978-7-03-056188-6

Ⅰ .①长… Ⅱ .①李… Ⅲ .①长江中下游平原 – 地质填图 – 指南 Ⅳ .① P623.7-62

中国版本图书馆 CIP 数据核字（2017）第321177号

责任编辑：王 运 陈娇娇 / 责任校对：张小霞
责任印制：肖 兴 / 封面设计：李姗姗

科学出版社 出版

北京东黄城根北街16号
邮政编码：100717
http://www.sciencep.com

北京汇瑞嘉合文化发展有限公司 印刷
科学出版社发行 各地新华书店经销
*

2018年 6月第 一 版 开本：787×1092 1/16
2018年 6月第一次印刷 印张：11 3 /4
字数：280 000

定价：138.00元
（如有印装质量问题，我社负责调换）

# 《特殊地质地貌区填图方法指南丛书》
# 编辑委员会

# 本书作者名单

李向前　赵增玉　邱士东　程　瑜
盛　君　郭　刚　陈火根　张祥云
陈　晨　崔艳梅　张　平　欧　健
季文婷

# 丛　书　序

目前，我国已基本完成陆域可测地区 1：20 万、1：25 万区域地质调查、重要经济区和成矿带 1：50000 区域地质调查，形成了一套完整的地质填图技术标准规范，为推进区域地质调查工作做出了历史性贡献。近年来，地质调查工作由传统的供给驱动型转变为需求驱动型，地质找矿、灾害防治、环境保护、工程建设等专业领域对地质填图成果的服务能力提出了新的要求。但是，利用传统的填图方法或借助传统交通工具难以开展地质调查的特殊地质地貌区（森林草原、戈壁荒漠、湿地沼泽、黄土覆盖区、新构造－活动构造发育区、岩溶区、高山峡谷、海岸带等）是矿产资源富集、自然环境脆弱、科学问题交汇、经济活动活跃的地区，调查研究程度相对较低，不能完全满足经济社会发展和生态文明建设的迫切需求。因此，在我国经济新常态下，区域地质调查领域、方式和方法的转变，正成为地质行业一项迫在眉睫的任务；同时，提高地质填图成果多尺度、多层次和多目标的服务能力，也是现代地质调查工作支撑服务国家重大发展战略和自然资源中心工作的必然要求。

在中国地质调查局基础调查部指导下，经过一年多的研究论证和精心部署，"特殊地区地质填图工程"于 2014 年正式启动，由中国地质科学院地质力学研究所组织实施。该工程的目标是本着精准服务的新理念、新职责、新目标，聚焦国家重大需求，革新区调填图思路，拓展我国区域地质调查领域；按照需求导向、目标导向，针对不同类型特殊地质地貌区的基本特征和分布区域，围绕国家重要能源资源接替基地、丝绸之路经济带、东部 T 型经济带（沿海经济带和长江经济带）等重大战略，在不同类型的特殊地区进行 1：50000 地质填图试点，统筹部署地质调查工作，融合多学科、多手段，探索不同类型特殊地质地貌区填图技术方法，逐渐形成适合不同类型特殊地质地貌区填图工作指南与规范，引领我国区域地质调查工作由基岩裸露区向特殊地质地貌区转移，创新地质填图成果表达方式，探讨形成面对多目标的服务成果。该工程一方面在工作内容和服务对象上进行深度调整，从解决国家重大资源环境科学问题出发，加强资源、环境、重要经济区等综合地质调查，注重人类活动与地球系统之间的相互作用和相互影响，积极拓展服务领域；另一方面，全方位地融合现代科技手段，探索地质调查新模式，创新成果表达内容和方式，提高服务的质量和效率。

工程所设各试点项目由中国地质调查局大区地质调查中心、研究所及高等院校承担，经过 4 年的艰苦努力，特殊地区地质填图工程下设项目如期完成预设目标任务。在项目执行过程中同时开展多项中外合作填图项目，充分借鉴国外经验，探索出一套符合我国地质背景的特殊地区填图方法，促进填图质量稳步提升。《特殊地质地貌区填图方法指南丛书》是经全国相关领域著名专家和编辑委员会反复讨论和修改，在各试点项目调查和研究成果的基础上编写而成。全书分 10 册，内容包括戈壁荒漠覆盖区、长三角平原区、高山峡谷区、森林沼泽覆盖区、山前盆地覆盖区、南方强风化层覆盖区、岩溶区、黄土覆盖区、新构造－活动构造发育区等不同类型特殊地质地貌区 1：50000 填图方法指南及特殊地质地貌区填图技术方法指南。每个分册主要阐述了在这种地质地貌区开展 1：50000 地质填图的目标任务、工作流程、技术路线、技术方法及填图实践成果等，形成了一套特殊地质地貌区区域地质调查技术标准规范和填图技术方法体系。

这套丛书是在中国地质调查局基础调查部领导下，由中国地质科学院地质力学研究所组织实施，中国地质调查局有关直属单位、高等院校、地方地质调查机构的地调、科研与教学人员花费几年艰苦努力、探索总结完成的，对今后一段时间我国基础地质调查工作具有重要的指导意义和参考价值。在此，我向所有为这套丛书付出心血的人员表示衷心的祝贺！

李廷栋

2018 年 6 月 20 日

# 前　言

"长三角平原区 1 ∶ 50000 填图方法指南"是中国地质调查局"特殊地区地质填图工程" 所属核心二级项目"特殊地质地貌区填图试点"的重要成果之一。在江苏 1 ∶ 50000 港口幅、泰县（现姜堰区）幅、张甸公社幅、泰兴县（现泰兴市）幅、生祠堂镇幅 5 幅平原区填图试点项目的基础上，从填图目标、技术方法、地质成果、地质模型、应用探索五个方面，对长三角平原区 1 ∶ 50000 填图工作进行系统的梳理和总结，以此为基础编写了本书。

项目从 2014 年 1 月开始，2014 ～ 2016 年三年间，结合长三角深覆盖平原区地质地貌特征，总结优化填图技术方法组合，围绕浅表、第四纪以来松散层、基岩三个层次开展基础地质填图，浅表采用卫星遥感、数字高程模型、槽型钻方法组合开展地质调查，有效提高填图质量和效率，应用性强；通过浅层地震勘查、第四纪地质钻探、综合地球物理测井开展松散层地质结构调查，结合对标准孔的古地磁、OSL、$^{14}$C、孢粉、微体古生物、重矿物及地球化学等多种指标，开展多重地层划分对比，建立第四纪地层框架；基岩地质调查采用重力、航磁等区域地球物理资料，结合浅层地震、钻探等手段，揭示基岩面起伏形态和基底构造。

针对工作区城市发展需求，将基础地质填图成果与目前正在开展的泰州城市地质调查项目结合，不仅提供第四纪地质背景，并且为工程地质层、水文地质承压含水层划分提供依据，从浅表防污性能、浅层地热能、深层地热地质条件、区域地壳稳定性等多方面探索了填图成果的应用，对平原区填图成果的表达和推广应用有积极的示范作用。

本书是在"江苏 1 ∶ 50000 港口（I50E021024）、泰县（I51E021001）、张甸公社（I51E022001）、泰兴县（I51E023001）、生祠堂镇幅（I51E024001）平原区填图试点"项目总体成果报告的基础上修改完善、深化研究编著而成。第一章、第二章由李向前、邱士东、陈火根编写，第三章由程瑜、郭刚、盛君编写，第四章由程瑜、陈晨、张平、崔艳梅编写，第五章由李向前、赵增玉编写，第六章由赵增玉编写，第七章由程瑜、李向前编写，第八章由赵增玉、程瑜、盛君编写，第九章由郭刚、张祥云、欧健编写，第十章由程瑜、张平、李向前编写，第十一章由盛君、季文婷编写，第十二章由赵增玉编写，第十三章由赵增玉、李向前编写，第十四章由李向前、赵增玉编写，李向前、程瑜负责全书的统稿汇总。

成果编制过程中得到了中国地质科学院地质力学研究所胡健民研究员、乔彦松研究员、陈虹博士，中国地质调查局南京地质调查中心张彦杰研究员、杨祝良研究员，江苏省地质调查研究院朱锦旗研究员、于军研究员级高级工程师、宗开红研究员级高级工程师等的大力帮助和精心指导，成果图件由江苏省地质调查研究院徐蓉、马秋斌协助清绘完成，在此一并致谢。

　　本书由于研究范围广，笔者理论水平有限，难免存在不足之处，敬请读者批评指正。

作　者

2017 年 12 月

# 目　　录

## 第二部分  江苏 1：50000 港口、泰县、张甸公社、泰兴县、生祠堂镇幅平原区填图实践

# 第一部分  长三角平原区 1：50000 填图技术方法

# 第一章 绪 论

## 第一节 中国平原区分布

### 一、中国平原分布概况

中国平原面积约为112万km²，占全国土地面积的1/10。这些平原主要是由江、河、湖、海的泥沙堆积而成，地势平坦，水网稠密，土壤肥沃，是中国重要的农耕地区。中国的平原分布很广，但规模巨大的平原主要集中在大兴安岭—太行山—雪峰山一线以东的地区。由于有东西走向的山岭穿插，这一平原带由北而南依次为东北平原（松辽平原）、华北平原和长江中下游平原。此外，在东南丘陵和岛屿的沿海地带也有不少面积较小的河口三角洲平原，如珠江三角洲平原。在我国地势第一和第二阶梯上的河谷和盆地等特殊地区，也分布着一些平原，如渭河谷地的关中平原、黄河沿岸的河套平原、四川盆地的成都平原和吐鲁番盆地的低洼平原等。

### 二、中国主要平原

#### 1. 东北平原

东北平原位于大、小兴安岭和长白山之间，40°～48°N，118°～128°E，北起嫩江中游，南至辽东湾，全长约1000km，东西宽约400km，海拔大多低于200m，面积达35万km²，是中国面积最大的平原。

东北平原又可分为三江平原、辽河平原和松嫩平原。三江平原是由黑龙江、乌苏里江和松花江三条大江冲积而成。西起小兴安岭东南端，东至乌苏里江，北自黑龙江畔，南抵兴凯湖。该区地势低平，排水不畅；属温带季风气候，降水丰富；纬度高，温度低，蒸发弱；地下常年有冻土存在，地表水不易下渗，故沼泽广布，是中国最大的沼泽分布区。辽河平原，位于辽东丘陵与辽西丘陵之间，铁岭—彰武之南，直至辽东湾。辽河携带丰富沉积物，使平原不断向辽东湾延伸，该区地势低平，海拔一般在50m以下。拥有众多河流，各河中下游比降小，水流缓慢，多河曲和沙洲，堆积作用较强，河床不断抬高，汛期常导致排水不畅或河堤决溃，酿成洪涝灾害。松嫩平原，是东北平原的最大组成部分，位于松辽盆地里的中部区域，主要由松花江和嫩江冲积而成。在大地构造位置上属于松辽断陷，该区地势低平，河流发育，平原表面波状起伏，海拔120～300m，中部分布着众多的湿地和湖泊。

## 2. 华北平原

华北平原也称黄淮海平原，是中国第二大平原，位于 32°～40° N，114°～121° E。平原西起太行山脉和豫西山地，东到黄海、渤海和山东丘陵，北起燕山山脉，西南到桐柏山和大别山，东南至苏、皖北部，与长江中下游平原相连。跨越北京市、天津市、河北省、山东省、河南省、安徽省和江苏省等 5 省、2 直辖市地境域，面积约 31 万 km²。华北平原主要由黄河、淮河、海河三大河流的泥沙冲积而成，平原地势平坦，河湖众多，黄河是塑造华北平原的主力。华北平原地势低平，大部分海拔 50m 以下，东部沿海平原海拔 10m 以下。平原位于华北陆台上的新生代断陷区，新生代地层厚度达上千米。

整个华北平原的地势以黄河冲积为中心，向北、向南、向东微微倾斜。由山麓向滨海地区依次出现洪积平原、洪积－冲积平原、冲积平原、冲积－湖积平原、海积－冲积平原、海积平原等地貌类型。

## 3. 长江中下游平原

长江中下游平原指长江三峡以东的中下游沿岸带状平原，河网纵横，湖泊众多。平原自巫山向东至海滨，北接桐柏山、大别山南麓，南至江南丘陵，由长江及其支流冲积而成。面积约 16 万 km²。地势低平，地面高度大部在 50m 以下，有些地方的海拔不足 5m。

中游平原包括江汉平原、洞庭湖平原（合称两湖平原）和鄱阳湖平原。下游平原包括安徽长江沿岸平原、巢湖平原及长江三角洲。其中长江三角洲地面高程均在 10m 以下。平原上河汊纵横交错，湖荡星罗棋布。著名的洞庭湖、鄱阳湖、太湖、高邮湖、巢湖、洪泽湖等大淡水湖都分布在这一狭长地带。

长江三角洲处于长江下游地区，是长江和海洋相互作用的产物，行政分属江苏、上海和浙江，西自仪征，东至黄海，北自江都、泰州、海安、琼港一线，南至镇江、江阴、常熟、太仓、上海一线形成一个喇叭形的三角洲。该区地势平坦，原始坡降约万分之一，总体趋势自西向东微微倾斜，平均海拔 3～5m，水网密集。

## 4. 珠江三角洲平原

珠江三角洲由西江、北江和东江三大支流每年带来的 2800 万 t 泥沙堆积而成，面积约计 1.09 万 km²。三角洲的冲积层不厚，一般只有 20～30m，而三角洲上的孤山残丘很多，这是珠江三角洲的一个重要特色。

珠江下游属于弱潮河口，河流泥沙受潮汐顶托后大多在口门外沉积，从而使陆地不断向外延伸。珠江三角洲地势低平，起伏和缓，相对高度一般不超过 50m，坡度在 5° 以下。

## 5. 关中平原

关中平原位于陕西省中部，是秦岭北麓渭河冲积平原，因此又称渭河平原。南倚秦岭，北临北山，西起宝鸡峡，东至潼关，东西长约 360km，西窄东宽，总面积为 3.9 万 km²。

关中平原由河流冲积和黄土堆积形成，地势平坦，水源丰富。渭河横贯盆地入黄河，河槽地势低平，海拔为 326～600m。从渭河河槽向南、北南侧，地势呈不对称性阶梯状增高，由一级或二级河流冲积阶地过渡到高出渭河 200～500m 的一级或二级黄土台塬。

阶地在北岸呈连续状分布，南岸则残缺不全。渭河各主要支流，也有相应的多级阶地。渭河北岸二级阶地与陕北高原之间，分布着东西延伸的渭北黄土台塬，塬面广阔，一般海拔为 460~800m。渭河南侧的黄土台塬断续分布，高出渭河 250~400m，呈阶梯状或倾斜的盾状，由秦岭北麓向渭河平原缓倾。

**6. 河套平原**

河套平原位于内蒙古和宁夏境内，是黄河沿岸的冲积平原。由贺兰山以东的银川平原（又称西套平原），内蒙古狼山、大青山以南的后套平原和土默川平原（又称前套平原）组成，面积约 2.5 万 km²，是鄂尔多斯高原与贺兰山、狼山、大青山间的陷落地区。地势平坦，土质较好，有黄河灌溉之利，为宁夏与内蒙古重要的农业区和商品粮基地。

# 第二节　平原区类型划分

按照高程的差异，平原可分为高原、高平原、低平原和洼地；按地质成因，平原可分为构造平原、剥蚀平原和堆积平原。

## 一、构造平原

构造平原主要是指由地壳构造运动形成而又长期稳定的平原。其特点是微弱起伏的地形面与岩层面一致，堆积物厚度不大。构造平原可分为海成平原和大陆拗曲平原。海成平原是因地壳缓慢上升、海水不断后退所形成，其地形面与岩层面基本一致，上覆堆积物多为泥沙和淤泥，工程地质条件不良，并与下伏基岩一起略微向海洋方向倾斜。大陆拗曲平原是因地壳沉降使岩层发生扭曲所形成，岩层倾角较大，在平原表面留有凸状的起伏形态，其上覆堆积物多与下伏基岩有关。由于基岩埋藏不深，所以构造平原的地下水一般埋藏较浅。在干旱或半干旱地区，若排水不畅，常易形成盐渍化。

## 二、剥蚀平原

剥蚀平原指在地壳上升微弱、地表岩层高差不大的条件下，经外力的长期剥蚀夷平所形成的平原。其特点是地形面与岩层面不一致，上覆堆积物很薄，基岩常裸露于地表；在低洼地段有时覆盖厚度稍大的残积物、坡积物、洪积物等。按外力剥蚀作用的动力性质不同，剥蚀平原又可分为河成剥蚀平原、海成剥蚀平原、风力剥蚀平原和冰川剥蚀平原，其中较为常见的是前面两种。河成剥蚀平原是由河流长期侵蚀作用所造成的侵蚀平原，亦称准平原，其地形起伏较大，并沿河流向上游逐渐升高，有时在一些地方则保留有残丘。海成剥蚀平原由海流的海蚀作用所造成，其地形一般极为平缓，微向现代海平面倾斜。剥蚀平原形成后，往往因地壳运动变得活跃，剥蚀作用重新加剧，使剥蚀平原遭到破坏，故其分布面积常常不大。剥蚀平原的工程地质条件一般较好。

## 三、堆积平原

堆积平原指地壳在缓慢而稳定下降的条件下，经各种外力作用的堆积填平所形成的平原。其特点是地形开阔平缓，起伏不大，往往分布有厚度很大的松散堆积物。按外力堆积作用的动力性质不同，堆积平原又可分为河流冲积平原、山前洪积冲积平原、湖积平原、风积平原和冰碛平原，其中常见的是前三种。

**1. 河流冲积平原**

河流冲积平原是由河流改道及多条河流共同沉积所形成的平原。大多分布于河流的中下游地带，因为在这些地带河床常常很宽，堆积作用很强，且地面平坦，排水不畅，每当雨季洪水溢出河床，其所携带的大量碎屑物质便堆积在河床两岸，形成天然堤。当河水继续向河床以外的广大面积淹没时，流速不断减小，堆积面积越来越大，堆积物的颗粒越来越小。经过长期堆积，形成广阔的冲积平原。河流冲积平原地形开阔平坦，下伏基岩埋藏一般很深，第四纪堆积物很厚，地下水位浅，地基土的承载力较低。在冰冻潮湿地区，道路的冻胀翻浆问题比较突出，而低洼地面容易遭受洪水淹没。

河流冲积平原从上游到下游又可分为以下几种。

（1）冲 - 洪积扇（山前平原）：河流流出谷口后分散为扇状水流，迅速堆积，平面呈扇形。土层颗粒分选性稍差，含水量丰富，扇体边缘常形成沼泽。扇体表面向下游倾斜，坡度较小。

（2）河漫滩和河湖平原：是河流侧向侵蚀和湖泊沉积形成的平原，分布于平原中部，其内部常分布有牛轭湖、阶地、自然堤，地形平坦，土层颗粒分选性好。

（3）河口三角洲及滨海平原：是河流在滨海堆积形成的平原。三角洲平面呈三角状，内部港汊纵横，土质以淤泥质土为主。滨海平原多为古河流的三角洲，和三角洲一样土质细腻，但因长期缺乏淡水补给导致盐碱性强。

**2. 山前洪积冲积平原**

山前洪积冲积平原是由洪积物在山前堆积形成的平原。山前区是山区和平原的过渡地带，一般是河流冲刷和沉积都很活跃的地区。汛期到来时洪水冲刷，在山前堆积了大量的洪积物，形成洪积扇；不同的洪积扇连在一起，就形成了洪积平原。山前冲积洪积平原堆积物的岩性与山区岩层的分布有密切关系，其颗粒为砾石和砂，以至粉粒或黏粒。由于地下水埋藏较浅，常有地下水溢出，水文地质条件较差，往往对工程建设不利。

**3. 湖积平原**

湖积平原是由河流注入湖泊时，将所挟带的泥沙堆积在湖底使湖底逐渐淤高，湖水溢出、干涸所形成的平原，其地形之平坦为各种平原之最，湖积平原地下水一般埋藏较浅。其沉积物由于富含淤泥和泥炭，常具可塑性和流动性，孔隙度大，压缩性高，承载力也很低；工程地质条件较差。

# 第二章　填图目标任务与技术路线

## 第一节　长三角平原区填图目标任务

长三角平原区 1 ∶ 50000 区域地质填图的总体目标任务是：在充分收集已有地质、遥感、地球物理、地球化学资料的基础上，采用数字填图技术，选择有效的技术方法组合，开展多重地层划分对比，建立第四纪地层层序格架，分析研究地貌及不同时期岩相古地理演化、河流变迁、海侵海退特征、古气候环境演变规律，查明区域第四系地质结构、沉积环境变迁和新构造运动特征；并配合适当的物探、钻探等工作，揭示基岩面的起伏变化和隐伏基岩的地层、岩石、构造特征。基于多种信息源，建立不同深度、不同精度的多尺度三维地质模型，通过三维建模客观表达多层次地质结构特征，编制针对性应用专题图件，探索不同层次填图成果的应用。

## 第二节　长三角平原区 1 ∶ 50000 填图阶段划分

### 一、预研究与设计阶段

填图准备阶段工作主要包括前期地质资料收集与整理分析、野外踏勘、遥感地貌初步解译、地质背景分析、工作方案编写、详细工作部署等内容。此阶段应编制工作程度图、设计地质图、工作部署图。

### 二、野外施工填图阶段

长三角平原区野外施工填图阶段主要通过选择有效技术方法组合，开展遥感详细解译、地表路线地质调查、地表地质剖面实测、地球物理探测、地质钻探等方面的工作；进行野外调查与施工资料整理及综合研究；完成样品采集与分析测试；完成实际材料图及野外地质图；完成质量检查野外原始资料与数据库的野外验收。

### 三、综合研究与成果出版阶段

综合研究与成果出版阶段的工作内容有填图总结报告编写、成果图件编制、综合整理分析、空间数据库建设及三维地质建模等，并探讨成果的应用前景，深入探索长三角平原区地质调查成果在区域国土资源空间规划、地质环境监测、绿色能源开发等方面的应用途径。

## 第三节　长三角平原区 1 ： 50000 填图技术路线

### 一、基本思路

以 1 ： 50000 区域地质调查与环境调查规范为指导，在系统收集和深化研究前人工作的基础上，重视已有地质调查成果的发掘与利用，以现代地质科学理论为指导，从整体的角度系统地调查第四纪松散层三维地质结构特征，有针对性地部署调查研究工作，遵循传统的区域地质调查研究与城市环境地质研究需要相结合、自然地质作用与人为地质作用调查相结合、地表调查与地下调查相结合、静态地质环境与动态地质演化趋势调查相结合、重点区与一般区相结合、调查与监测相结合，充分发挥现代地质探测手段和方法，利用新的信息获取手段，提高获取三维地质信息的能力与效率。充分考虑社会需求与成果转化，坚持发挥基础性、公益性、战略性地质调查工作的作用，并以地理信息系统建设为主线，实现三维地质结构的数据管理，以纸介质表达和电子数据库相结合展示成果。

### 二、技术路线

（1）在综合整理已有资料成果的基础上，以现代地质科学理论为指导，按照区域地质调查的规范和要求，系统开展地质调查工作。

（2）利用遥感进行微地貌、沉积物成因类型及江河岸线变迁等的解译，并与野外地质调查结果相互验证。

（3）利用地质钻探，运用沉积学和层序地层学理论，进行第四纪地层特征研究。采用岩石地层、生物地层、气候地层、磁性地层、年代地层、层序地层等多重地层划分研究手段，以标准孔研究为主，控制孔研究为辅，深化钻孔剖面剖析，合理构建三维地质结构模型。重建关键地质时期的岩相古地理演化，确定第四纪地质结构纵向和横向的变化特征，特别是晚更新世以来沉积相和地理环境的变迁，分析预测海侵、海退及江海岸线的演化规律。

（4）在充分收集、分析前人资料的基础上，结合翔实的地质调查资料，充分利用物探、钻探等多源数据，加强新构造活动特征的调查及隐伏基岩特征的研究。

（5）针对工作区内与地质环境、地质灾害密切相关的重要基础地质问题，注重基础性和应用性研究，做到基础地质调查与科学研究相结合，综合运用多方法、多手段，进行多途径、多角度的研究，提高本次工作的调查和研究水平，为地方经济发展提供地质环境安全保障。

（6）根据相关标准，运用地质制图新技术和新方法，编制系列地质图件，建立空间数据库；全面总结区内基础地质特征，编写区域地质调查报告。

长三角平原区 1 ： 50000 填图工作流程如图 2-1 所示。

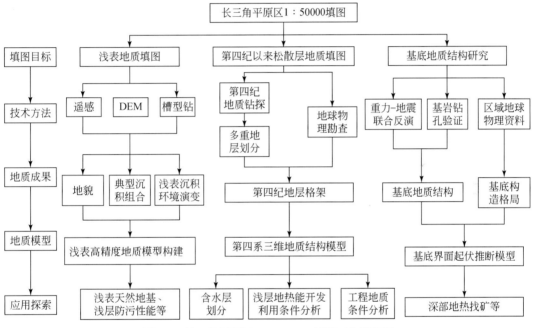

图 2-1　长三角平原区 1 ： 50000 填图工作流程图

# 第三章　预研究与设计

## 第一节　资料收集整理

资料的收集与整理工作是整个项目工作完成的基础，必须认真而细致、全面而系统，而且应始终贯穿于立项、设计和调查实施的各个阶段。在填图准备阶段，需要系统收集前人资料，分析、整理已有的地质工作成果，为各项工作的实施奠定基础。首先，收集已有的地质资料，对填图工作相关的资料进行分类别整理、列表；然后，分析已有的地质工作成果，包括区域调查、遥感、物化探、钻探及样品测试等成果资料，进行可利用资料的筛选、甄别，使得本次工作能达到充分利用前人成果的目的；最后，总结以往各项地质工作成果所面临的主要问题，基本掌握测区基础地质问题和社会关心的热点地质问题，为工作部署提供重要依据。

长三角平原区的资料收集侧重于深部地质信息的相关内容，如不同深度钻孔资料、深部地球物理剖面等。在填图准备阶段，主要收集、整理以下几类资料。

## 一、遥感及基础地理数据

### 1. 遥感数据

收集资料前应系统地了解各类遥感数据的波谱区间、空间分辨率、光谱分辨率、时间分辨率等技术参数，根据调查区地质地貌特征收集遥感数据，以便最大限度地利用遥感数据提取地质要素信息，并以收集空间分辨率优于 5m 的多光谱遥感数据为主，需要提取异常信息时还应收集合适的谱段数据。光谱区间一般在可见光至短波红外波段，植被茂密地段可补充雷达数据。

用于融合处理的多平台遥感数据时相尽可能一致。数据收集前应检查数据的质量，云、雾分布面积一般应小于图面的 5%，图像的斑点、噪声、坏带等应尽量少。选取地质信息丰富的波段遥感数据，经过预处理、几何纠正、图像增强、数字镶嵌等过程，制作遥感影像图，作为野外数据采集的参考图层。制作方法按照《遥感影像地图制作规范 1 ∶ 50000、1 ∶ 250000》（DD 2011—01）执行。

对遥感数据进行地质解译和信息提取，编制遥感地质解译草图和信息提取图件，指导下一步野外踏勘和设计编写工作。遥感信息的应用应贯穿工作的全过程，其具体要求按照

《遥感地质解译方法指南 1 ： 50000、1 ： 250000》（DD 2011—03）执行。

**2. 基础地理资料**

地质填图应以符合精度要求的国家测绘地理信息局出版的 1 ： 50000 地形图或国家基础地理信息中心提供的 1 ： 50000 矢量化地形图（数据）为基础地理数据。

野外工作底图（野外数据采集手图）应采用符合精度要求的 1 ： 25000 的（矢量化）地形图，在没有 1 ： 25000 地形图的地区，可采用 1 ： 50000 地形图放大，并补充现势性资料，如高速公路和居民地变化等资料。在地形地貌相对较简单的地区，第四系野外数据采集手图可适当采用 1 ： 50000 矢量化地形图。

成果地理底图应按照《1 ： 50000 地质图地理底图编绘规范》（DZ/T 0157—1995）进行编制。地理坐标系统一般采用 2000 国家大地坐标系，1985 国家高程基准。

## 二、各类地质调查与研究资料

区域地质调查资料收集的目的是了解测区的地质工作程度，基本掌握测区的前第四纪地质和第四纪地质特征，分析测区存在的重大地质问题，主要包括区域地质、水文地质、工程地质、环境地质、矿产地质、石油地质和煤田地质、地热、地震、遥感等地质工作所积累的原始资料和成果资料，以及专著、论文等，并对主干地质路线、地质剖面、测试、鉴定等资料进行筛选整理，如筛选出可利用的前人测试成果，可建立相应的研究区样品数据库，尽可能收集调查区内已有的各种实物资料，如岩石标本、矿石标本、矿物标本、古生物化石标本、钻孔岩心、各类岩石薄片等，对可利用的成果图件进行统一标准处理后数字化，配准统一坐标系统，套合到地理底图上。

## 三、区域地球物理资料

区域地球物理资料的收集、处理、分析是为了掌握区域地球物理场特征及主要岩石的物性，进一步了解区域地质构造框架及构造样式。区域地球物理资料的收集主要包括区域重力、航磁资料、地震勘探、电法勘查等，区域地球物理资料的整理包括对资料的整理评述及分析。

**1. 资料评述**

地球物理资料评述工作是对全区地球物理资料的总结，了解该地区地球物理资料的研究程度及精度，为在区内部署地球物理工作提供依据。根据资料的比例尺、精度，一般将数据分为 1 ： 100 万～1 ： 10 万的区域资料，以及 1 ： 50000 ～ 1 ： 25000 的局部资料。通过对地球物理资料的收集整理，绘制测区的地球物理勘探工作程度图，能更直观地了解该地区的地球物理资料工作程度。

地球物理资料勘查评述，先要对收集到的资料按不同的地球物理方法（磁法、重力、电法、地震等）分类，然后按工作比例尺、精度进行汇总，最后对资料的来源、精度等进行逐一评述。

**2. 区域物性分析**

区域物性分析是对区内沉积物的密度、磁性、电性特征进行分析，按不同岩性（沉积岩、岩浆岩、变质岩）、不同地层（从新地层到老地层），对其物性特征逐一分类、整理、总结。这样能很直观地了解区内的物性分布特征及差异，只有具备一定的物性差异才能有效地开展相应的地球物理方法。

由于长三角平原区填图主要对象是第四系地层，侧重研究第四系松散层的厚度、地质结构、稳定性等方面。因而，地球物理物性资料的收集主要针对第四系内部各种岩性及基岩的物性，但由于重力场和磁场是整个地下空间物质产生的效应，因此仍然要兼顾基岩面以下岩（矿）石层物性的收集。

**3. 地球物理资料处理及综合解释**

1）航磁资料处理及解释

对收集到的 1 ： 20 万和 1 ： 50000 航磁数据进行化极、化极一阶导数处理，对原始数据及得到的处理数据再进行详细描述及分析。

处理得到的系列图件有区域航磁异常图（1 ： 20 万）、区域航磁化极异常图（1 ： 20 万），以及区域航磁一阶导数异常图（1 ： 20 万），航磁异常图（1 ： 50000）、航磁化极异常图（1 ： 50000）、航磁一阶导数异常图（1 ： 50000）、航磁解译图等。

2）重力资料处理及解释

对收集到的 1 ： 20 万和 1 ： 50000 重力数据进行网格化，进行上延 5km、10km 处理，并求得剩余重力异常、圈定局部重力异常范围，对原始数据及得到的处理数据再进行详细描述及分析。

处理得到的系列图件有布格重力异常图（1 ： 20 万）、布格重力上延 5km 异常图（1 ： 20 万），以及布格重力上延 10km 异常图（1 ： 20 万），布格重力异常图（1 ： 50000）、布格重力上延 5km 异常图（1 ： 50000）、布格重力上延 10km 异常图（1 ： 50000）、剩余重力异常及局部重力异常范围图（1 ： 20 万）。

3）重磁异常综合解释

综合重磁异常特征，推断隐伏地质构造，包括断裂构造、拗陷、隆起、火山岩、侵入岩，绘制出重磁综合解释图。

**4. 反演剖面综合解释**

地球物理数据处理后直接解释，存在一定的误差，地球物理反演解释又存在多解性，因此往往多种方法进行综合解释，这样能多种方法互补，提高解释的可靠性。

由于长三角第四系松散层较厚，而且从航磁、重力平面图上可以看出，区内以沉积岩为主，岩浆岩零散分布，因此影响重力异常的仅仅为各沉积层之间的密度差，岩浆岩虽然密度较大，但范围较小，零散分布，对重力异常影响可忽略。反演解释的具体流程如下：

（1）收集区内物性资料。根据对前人资料的综合分析，给出密度界面参数。

（2）建立反演初始模型。利用前人地震数据中的重要的顶、底界面，建立重力反演剖面初始模型。

（3）人机交互反演。根据前人的基岩地质图及现有的测井资料，对初始模型中的基岩的分布位置及埋深进行了修改，再根据测量的数据进行人机交互计算，得到剖面重力反演图。

（4）地质解释。根据重力剖面反演结果、平面重磁解释结果、浅层地震勘探解释结果，进行对比和综合解释。

## 四、区域地球化学资料

尽可能收集研究区内已有 1 ： 250000、1 ： 200000、1 ： 50000 区域地球化学调查基础数据和成果资料。收集整理区内主要地质体的地球化学组分（微量元素、稀土元素、常量元素）特征和区域构造地球化学特征，重点关注地球化学资料在覆盖层沉积物分布、组成、形成环境、空间变化等方面的特征，进行测区地球化学分区和分层方面的对比分析。

## 五、钻探资料

钻探是长三角平原区获取第四纪地质、基岩地质和区域矿产地质资料最重要的手段之一，要全面系统地收集调查区已有的各类钻孔资料，包括钻孔岩心编录资料和岩心实物资料。长三角平原区均属城市化程度较高的地区，1 ： 50000 填图的重要内容就是厘清第四纪三维地质结构和基岩面起伏特征，根据钻探目的，可将长三角平原区钻探资料分为工程地质钻探、水文地质钻探、第四纪地质钻探和基岩地质钻探。钻探资料收集的目的有三个方面。

**1. 填图单元划分**

根据测区内已有的地质钻探资料，分析钻探所揭露的沉积物岩性、岩相及成因等特征，以时代加成因并综合考虑岩性组合，对测区第四纪地层单元进行划分，岩石地层单位划分到组、段，特别要突出沉积相、成因类型和特殊沉积层（标志层）的划分。

**2. 第四纪地质结构研究**

前人的工程地质钻探资料可为测区全新世及晚更新世沉积物特征、古地理研究提供重要基础。此外，通过已有的水文地质钻探、第四纪地质钻探，可初步查明各类第四纪沉积物地层层序、物质成分、结构构造、成因类型、接触关系等，为项目第四纪地质钻探部署提供重要依据。

**3. 基岩起伏面研究**

基岩地质钻探，在测区主要是指石油、地热地质钻探，可揭示基岩面的起伏变化和隐伏基岩的地层、岩石、构造特征。

# 第二节　野外踏勘及地质草图

野外踏勘的目的是对推断解释的地质图进行野外现场查证，进一步确立测区浅表沉积物的填图单元，明确调查手段。

## 一、野外踏勘内容和要求

区域地质调查遵照《区域地质调查总则（1 ： 50000 ）》（ DZ/T 0001—1991 ）和《1 ： 250000 区域地质调查技术要求》（ DZ/T 0246—2006 ）等其中的关于野外踏勘部分的有关要求执行。每个图幅应有 1 条以上贯穿全图幅的野外踏勘路线。踏勘路线应穿越代表性的地质体和地貌单元，观察自然露头、人工揭露露头，了解不同成因类型第四纪地层的发育特征、相互关系、划分特征，初步建立测区各类地质体、地貌单元的填图单元和遥感解译标志，完善测区地质草图。

应选择代表性地段测制地质剖面，并采集古生物和年龄样品，进行鉴定和测试。对已知矿层露头、采矿点进行全面踏勘，分别了解覆盖层和隐伏基岩成矿地质背景，采集必要的岩（砂）矿分析测试样品。踏勘了解地裂缝、地面沉降、岩溶塌陷、矿坑塌陷等环境地质问题及其对城市和重大工程建设的影响。

应全面踏勘了解调查区人文、地理、气候、交通等野外调查环境条件，揭露工程与物探施工技术条件和物资供应，安全保障条件等。

长三角平原区 1 ： 50000 填图野外踏勘工作要点是：①地理交通、风土人情、物质供应情况；②主要地质地貌单元总体特点，地表填图单元特征；③不同地质地貌单元填图槽型钻合理揭露深度；④钻孔及地球物理施工场地条件。

踏勘工作必须在系统收集整理以往地质工作资料的基础上，有针对性地进行。

## 二、野外踏勘

踏勘路线参照遥感解译初步报告，穿越主要的地貌单元、不同成因类型的第四纪地层，并运用槽型钻进行浅表 2～4m 的人工揭露，观察自然露头及人工揭露露头，了解不同成因类型第四纪地层的发育特征、相互关系、划分特征，初步确立第四纪填图单元，完善地质草图，并明确填图槽型钻揭露深度。

另外，对野外地质环境条件进行初步了解，并对物探施工浅层地震剖面沿途进行初步布置，同时对拟施工钻孔场地进行初步了解。

## 三、地质草图

在前人各种地质调查资料的基础上，结合野外踏勘及遥感影像解译，初步确定研究区的地质填图单元，并编制地质草图。

# 第三节　填图工作部署及工作部署图

## 一、部署原则

围绕查明第四纪沉积物特征，厘定第四纪地层层序，建立第四纪地层结构模型，探讨第四纪古地理环境演变规律；基本查明基岩地质特征，主要构造单元及新构造活动特征。在工作部署时，既要考虑区域经济发展对地质工作的需求和重大基础地质问题研究，又要兼顾完成图幅区调任务。

**1. 资料开发与调查相结合**

填图在系统收集前人工作资料的基础上展开野外调查，对松散层厚覆盖区有针对性地应用地球物理新方法，加大探测深度、精度和速度，辅以一定量的钻探工作量，对第四纪沉积物进行取样分析研究，并对地球物理探测结果进行必要的验证工作，工作量和经费的安排以合理为原则，技术上和时间上确保相互衔接、目的明确、可操作性强。

以对现有资料的再开发和对前人成果的综合提升为前提，在充分发掘已有资料的基础上，结合重点、有针对性地部署野外地质工作。贯彻"一孔多用"的思路，发挥所有实物工作的最大效率。在有限时间、资金投入条件下，实现区域全面覆盖及精度、深度进一步提高的目标。

**2. 坚持以创新为引领**

努力提高长三角平原区地质填图工作的科技含量，以先进地球科学理论为指导，广泛运用"3S"（RS、GPS、GIS）、地球物理勘察、实验分析等技术，以技术促质量。加强与国内外高校、科研院所的合作，通过多学科、多技术综合集成，有效提升地质填图工作的研究水平。

**3. 围绕区域地质工作需求开展工作**

明确地质填图的工作定位，解决当前工作区重要的基础地质问题。紧密结合地方经济发展中的重要地质需求合理安排工作量，确保工作成果得到推广应用。

## 二、分区部署

充分考虑项目工作的系统性，结合实际情况，因地制宜，处理好当前需求和长远需求的关系，做到区间有别，重点突出。在把握总进度有序推进的同时，合理分解阶段性目标任务，加强专题间的协调、配合，形成有机整体。

地表分区：根据试点区经济社会可持续发展需要，在地表平面上将工作区划分为重点调查区和一般调查区。

地下分层：根据地下地质资源开发对基础地质资料的需求，在地下深度上划分出 -50m、-100m、第四系底界、新近系底界、基岩 5 个层次。

一孔多用：以深孔为优先部署，同时兼顾获取浅层次孔所需信息，不再重复部署浅层次钻孔。

## 三、分年度推进

一般的区域地质调查项目为三年。

第一年的任务主要是综合分析收集的地质、遥感、地球物理、地球化学资料，在全面踏勘的基础上，进行路线调查、钻探、物探等工作；编制项目总体设计及年度工作总结。

第二年的调查研究内容要在前一年的工作基础上，进一步收集资料，继续开展路线调查、钻探等工作，建立第四纪地层层序和地层格架，开展多重地层划分对比；编写年度工作总结报告。

第三年的任务是完成剩余的填图面积，统计分析各类测试数据，开展第四纪多重地层划分对比，查明区内第四纪地质结构、岩相古地理演变和新构造特征；编制成果报告及系列图件；建立原始资料数据库及地质图空间数据库，完成项目成果验收、资料归档。

## 四、重要施工工程与重点测试计划

### 1. 钻探工作部署

钻探是长三角平原区区域地质调查的最主要勘查技术手段，用于调查第四系深覆盖区松散层地质结构、水文地质层结构和工程地质层结构，可以通过第四系松散沉积多种测试结果分析，结合区域第四系资料，细化、建立测区松散层的地层层序，进行区域地层对比，并为水文地质与工程地质的研究提供基础性框架。

长三角平原区第四系的形成和结构与大江、大湖及海平面变化联系密切，具有层序复杂、相变剧烈、厚度变化大等特点。在长三角平原区开展区调工作，第四系标准孔的工作具有重大意义，对于区域第四纪地层的准确划分具有指导性作用，同时第四系标准孔测试项目集中，采集样品数量较大，必须进行全面的计划和统一安排部署工作，最好每个图幅安排标准孔一个；另外每个图幅最好达到 2 个 /100km² 的钻孔控制密度，以达到构建图幅内"二横二纵"钻孔联合剖面的要求，基本反映图幅内第四纪地层空间格架。

### 2. 浅层地震剖面探测

每个 1 ∶ 50000 标准图幅部署浅地震剖面 1～2 条，最好是 2 条，构建"十"字形剖面，对图幅内纵、横向松散地层的连续变化予以表述，同时在每个地震剖面上施工 2 ～ 3 个钻孔，系统地采集各类测试分析样品，并进行多参数的综合地球物理测井，用以研究松散层的沉积演化规律。

## 五、工作部署图

以地质草图为底图，在系统收集前人资料和踏勘的基础上，编制设计地质图。以设计地质图为底图，分年度进行地表填图、物探、钻探、化探等的布置，绘制工作部署图。

# 第四章  野外填图与施工

## 第一节  野外填图施工常规措施

### 一、遥感地貌解译成果野外验证

作为现代信息技术之一的遥感技术，现已广泛应用于不同比例尺的区域地质调查和生态环境调查，其作为一种辅助性手段在区域地质调查工作中，对提高野外工作效率及地质调查精度显得越来越重要。尤其在长三角平原区区域地质调查工作中，遥感解译在野外填图工作中发挥了极其重要的作用，也为第四纪地貌、古河流变迁等方面的研究提供了重要的参考资料。在长三角区域地质调查中，遥感资料的获取和解译起先行作用，通过遥感影像的解译和判读，可对基本地貌单元进行划分，有助于掌握区域地貌类型的分布特征，对填图工作的顺利实施发挥重大的作用，其技术流程图如图 4-1 所示。

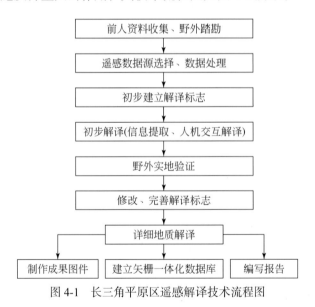

图 4-1  长三角平原区遥感解译技术流程图

（一）数据源选择及数据参数特征

卫星影像具有覆盖面广、信息丰富、几何畸变小及多分辨率等特性，被广泛应用到遥感地质调查中。根据区域地质特点和工作目的任务，为了能更好地、客观地反映地貌的成

因和形态特征，选择了多种遥感数据源，主要包括低分辨率 Landsat 系列数字图像 OLI、ETM、TM、MSS 及 ASTER 等；另外辅以空间分辨率优于 1m 的如 WorldView 等高分辨率影像。

### （二）地貌遥感解译

遥感图像的地貌解译主要以地物反射波谱差异为解译依据。各种地貌类型因成因和形态的不同，会影响到物质组成和含水性不同，导致土壤条件、植物布局、长势及人类活动等存在差异。假彩色合成卫片能以鲜明的色调与纹理差别凸显其地物反射波谱特性。

在解译过程中系统、全面地逐步提取有关信息，并根据影像的形态、大小、色调、纹理、图案、阴影，同时结合地理位置、水系等建立相应的遥感解译标志。本着由已知到未知、先整体后局部、先宏观后微观的原则，参考地质和物化探资料，并结合地面调查和检验，通过"判读—验证—再判读"的反复，建立解译标志，从而确定工作区地形地貌的分布及其特征。

### （三）解译方法

基于遥感影像的地貌解译既要充分吸收前人的研究成果，又要充分发挥现代遥感和地理信息系统技术的优势，实现快速高效准确的地貌制图，解译方法宜采用目视解译与计算机判读相结合的方法。

遥感地貌解译是在 ArcGIS 软件环境中，将经过几何校正、图像融合及图像处理之后的遥感数据，根据历史图件、成因、形态等，在遥感影像上对各种基本地貌类型进行识别、分析、判断、提取、数字化的过程。

遥感影像处理过程中应用的具体方法如下。

**1. 预处理**

在预处理工作中，首先参照 1 ∶ 50000 地形图对影像分别进行几何校正，形成基础分类影像。在对原始影像进行几何校正时，运用多项式变换模型及双线性内插的重采样方法来计算。然后对图像进行镶嵌和裁剪，在此过程中根据已有的地理坐标范围进行裁剪。

**2. 增强变换处理**

采用增强变换处理方法提取色调信息，可以扩大不同地貌单元的灰度差别，突出目标信息和改善图像的效果，从而提高解译标志的判别能力。常用的遥感图像增强方法有反差扩展、去相关拉伸、彩色融合、变换增强、分辨率融合等。

### （四）解译结果

通过分析利用多传感器多时相影像，参考地质、水文、土壤、植被等综合要素的相关信息，以及不同地貌和构造的影像特征，综合分析判读，对区域进行综合地质地貌解译。

## 二、地表路线地质调查

野外地表填图首先需要选择合适的地理底图，在长三角平原区，可直接采用 1 ∶ 50000 地形图，结合 GPS 定位即可准确定位野外调查点。

### （一）野外路线布置

**1. 野外路线布置的准则**

填图观察路线安排采用穿越为主、追索为辅的方法，垂直地质界线布置，以穿越区内主要填图单元。

**2. 野外路线布置的精度**

调查路线原则上线距为 2000 ～ 2500m，点距一般为 1500 ～ 2000m，局部有时根据实际情况适当放稀，但不大于线距。

野外调查的点线安排以解决地质问题、查明浅表第四系及地貌特征为目的，点线密度应视具体情况灵活掌握，观察点尽可能布置在不同岩性、不同成因或不同地貌类型分界线上，在岩性变化不大、地形平缓地区，可加大线距和点距，在岩性变化大，图幅边缘、地形起伏大等区域，可适当加密线距和点距。

### （二）观察记录要点

**1. 第四系松散沉积物命名及岩性描述**

第四系松散沉积物野外定名参照标准如表 4-1 所示。描述内容包括岩性名称、成分及含量（包括粒和砾径）、构造（包括层厚等）、结构、黏性、塑性、透水性、胶结性等。

表 4-1　第四系松散沉积物定名标准

| 编号 | 粒级名称 | | 粒径 /mm | Φ 值 | 备注 |
|---|---|---|---|---|---|
| 1 | 砾石 | 巨砾 | >256 | <-8 | |
| 2 | | 粗砾 | 64 ～ 256 | -6 ～ -8 | |
| 3 | | 中砾 | 4 ～ 64 | -2 ～ -6 | |
| 4 | | 细砾 | 2 ～ 4 | -1 ～ -2 | |
| 5 | 砂 | 极粗砂 | 1 ～ 2 | 0 ～ -1 | |
| 6 | | 粗砂 | 0.5 ～ 1 | 0 ～ 1 | |
| 7 | | 中砂 | 0.25 ～ 0.5 | 1 ～ 2 | |
| 8 | | 细砂 | 0.125 ～ 0.25 | 2 ～ 3 | |
| 9 | | 极细砂 | 0.0625 ～ 0.125 | 3 ～ 4 | |

续表

| 编号 | 粒级名称 | | 粒径/mm | Φ值 | 备注 |
|---|---|---|---|---|---|
| 10 | 粉砂 | 粗粉砂 | 0.031～0.0625 | 4～5 | |
| 11 | | 中粉砂 | 0.0156～0.031 | 5～6 | |
| 12 | | 细粉砂 | 0.0078～0.0156 | 6～7 | |
| 13 | | 极细粉砂 | 0.0039～0.0078 | 7～8 | |
| 14 | 含黏土粉砂 | 黏粒5%～25% | | | 不能搓细条或球体，透水性较好，受压易碎 |
| 15 | 黏土质粉砂 | 黏粒25%～50% | | | 砂感强，结构松散土块完整性差，干后无裂隙（含黏土粉砂） |
| 16 | 粉砂质黏土 | 粉砂25%～50% | | | 湿土能搓成球体或3mm细条，透水性极弱，刀切面有些粗糙，手压不易碎，少量砂感（含粉砂黏土） |
| 17 | 含粉砂黏土 | 粉砂5%～25% | | | 刀切面光滑，能搓成1mm左右细条，不透水（黏土） |
| 18 | 黏土 | 黏粒>95% | <0.0039 | | |
| 19 | 淤泥 | 黏粒>95% | <0.0039 | | 水分含量>50%，呈灰黑色，富含有机质，力学强度低，压缩性强。其抗震性能很差 |

1）黏土及含粉砂黏土（粒径<0.0039mm）

黏粒含量大于75%，泥质结构或含粉砂泥质结构，块状构造，刀切面光滑，湿土能搓直径小于1mm的细条，黏性和塑性大（好），不透水。干后坚硬，裂隙发育，手压不碎，铁锤打击成粉末。

2）粉砂质黏土

以黏土为主，黏粒含量为50%～75%，粉砂泥质结构，块状构造。干后较硬，裂隙少，手压不易碎，手捻有少量砂感。湿土能搓成球体或3mm左右的细条，黏性和塑性较大（好），透水性极弱等。

3）黏土质粉砂及含黏土粉砂

黏土质粉砂黏粒含量为25%～50%，泥质粉砂结构，刀切面较粗糙；含黏土粉砂黏粒含量为5%～25%，含泥粉砂质结构，刀切面粗糙、松散、空隙发育。这两种岩性干后无裂隙、结构松散、手压极易碎，砂感强，土块完整性极差。不能搓成细条和球体，湿时也无黏聚力，过湿时呈流动状态。无黏性和塑性，透水性能好等。

4）粉砂（粒径为0.0039～0.031mm）

粉砂质结构，砂状、松散、孔隙发育，湿时有黏聚力，过湿时呈流动状态，透水性好，经常见发育水平或倾斜纹层。

5）淤泥

结构较松软（稀）、水分大时不成形，水分含量较高，一般大于50%，水分特高时呈流动状态，具油脂光泽，手捻污手，有异味，黏性和塑性好，透水性弱等。

6）砂的分类及描述内容

颜色、成分、大小（粒径）、含量（各粒级含量）、结构（砂质结构等）、构造，磨圆度（滚圆状、圆状、次圆状、次棱角状、棱角状）、分选性（分选性好、分选性中等、分选性差），胶结物成分、含量、胶结性（胶结松散、胶结紧密等）、定向性等。

砾石含量大于 50% 岩性名称为砾石层（如砂砾层、砾石层）。

**2. 地貌及水文地质**

地势、地貌（微地貌）等特征，水系、地表水（河、塘等）的分布情况（流向、密度、分布形态等），潜水位等。

**3. 城市地质与农业地质**

城市的概况包括环境污染（水污染、空气污染、噪声污染、废弃物污染等）、道路交通概况、人流、车流、建设、城市管理等。

土壤类型、肥力，主要农作物种类及长势，灌溉方式等。

**4. 生态地质**

植被的分布情况，水（河、塘）污染、土壤污染、空气污染、噪声污染和人类活动对环境污染情况（程度），主要污染源（工业垃圾、生活垃圾等）、水土流失情况等地灾情况，城、村及人口分布情况（密度）等。

**5. 成因类型代号**

成因类型代号见表 4-2。

表 4-2　成因类型代号

| 代号 | 成因类型 | 代号 | 成因类型 |
|---|---|---|---|
| al | 冲积 | pd | 土壤 |
| el | 残积 | s | 人工堆积 |
| dl | 坡积 | alm | 冲海积 |
| pl | 洪积 | all | 冲湖积 |
| mcl | 潟湖堆积 | alp | 冲洪积 |
| l | 湖积 | aln | 冲积沼泽 |
| fl | 沼泽堆积 | aleo | 冲积风积 |
| mr | 海积 | dal | 坡冲积 |
| eol | 风积 | eld | 残坡积 |
| qcol | 崩积 | lfl | 湖积沼泽 |
| dp | 滑积 | pll | 洪湖积 |
| b | 生物堆积 | mcm | 河口堆积 |
| ch | 化学堆积 | dlt | 三角洲堆积 |
| los | 黄土 | ep | 风积洪积 |

**6. 地质点照片采集**

每个地质点都应采集点上的照片，照片内容应涵盖槽型钻取心岩性特征及周边环境。

（三）野外数据采集

在野外数字填图工作中一般用到如下仪器和设备。

（1）手持 GPS：用于导航和定位的 GPS 信息接收传输的手持型便携式设备。

（2）掌上电脑：便于野外路线调查和数据采集的轻巧的便携式掌上电脑，可安装数字区域地质填图系统的掌上电脑版本，是进行野外路线调查和综合数据采集的重要设备。

（3）野外数据采集器：预装野外数据采集系统的掌上电脑与 GPS 集成一体，能实现无线信号传输并方便用于野外地质填图的设备。

（4）CF 卡：是"Compact Flash"的简称。它是一种存储设备，大小为 43mm × 36mm × 3.3mm，质量大约在 15g 以内，在数字填图系统中，CF 卡用来存储数字填图系统软件、地形图、野外数据等。具有防震、省电、安全、易于野外使用等特点。

（5）笔记本电脑：便于野外工作的计算机。在进行野外数据采集工作之前，运用安装在笔记本电脑上的数字区域地质填图系统设计野外填图路线，并将路线信息导入用于野外数据采集的掌上电脑，在填图路线完成及野外数据采集过程结束后，将掌上电脑采集的野外数据导入笔记本电脑的数字区域地质填图系统，可进行野外数据综合整理，并录入野外填图数据库（野外手图库、PRB 图幅库）。

随着信息技术的发展，近几年中国地质调查局针对移动填图设备，开发了基于安卓系统的填图程序，使得野外填图人员利用市场上常见的安卓手机即可采集野外填图数据，相对于传统的基于 Windows 的掌上机，基于安卓系统的手机内存更大，运行速度更快，提高了野外工作效率。

（四）路线调查每日资料整理

**1. 整理内容**

在每条路线完成后，需要对当天路线的工作量、地质概况等进行小结，并整理地质点照片，按照相关规范，完善 PRB 数据库内容，对当天的记录情况进行自检并记录。

**2. 资料入库**

按照图 4-2 所示步骤建立完成 PRB 数据库内容，主要包含表 4-3 所示的数据实体记录。

（五）剖面测制

测制地质剖面，是第四纪地质调查工作的重要方法之一，重点调查沉积物的成分、形成时代、沉积相，合理确定基本填图单元，建立不同填图单元的沉积层序。

每个填图单元内确保至少有一个代表性剖面。长三角平原区松散层沉积厚度大，地表出露一般皆为全新统地层，难以测制完整剖面。仅在天然陡坎、露头及人工挖掘露头可进行剖面观察记录。选择剖面的位置有以下两点要求。

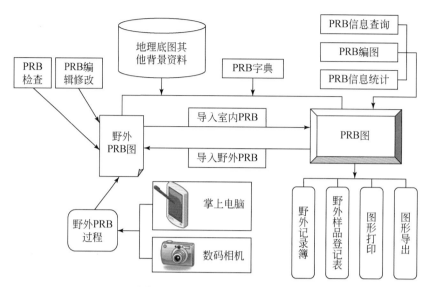

图 4-2 PRB 数据库建设流程

**表 4-3 数字区域地质调查 PRB 过程数据实体表**

| 实体编码 | 实体名 | 空间属性 | 属性 |
|---|---|---|---|
| 地质路线 | ROUTE | LINE | 顺序号，图幅编号，☆图幅名称，☆路线号，日期，天气，路线描述，起点经度，起点纬度，终点经度，终点纬度，目的任务，手图号，航片编号，记录者，同行者，起点纵坐标，起点横坐标，终点纵坐标，终点横坐标，路线总结 |
| 地质点（P） | GPOINT | POINT | 顺序号，图幅编号，☆路线号，☆地质点号，经度，纬度，高程，纵坐标，横坐标，地理位置，露头性质，点性，微地貌，风化程度，岩性 A，岩性 B，岩性 C，岩性代码 A，岩性代码 B，岩性代码 C，地层单位 A，地层单位 B，地层单位 C，接触关系 AB，接触关系 BC，接触关系 AC，描述，国标码，日期，地质点描述文件名 |
| 分段路线（R） | ROUTING | LINE | 顺序号，☆路线号，☆地质点号，☆点间编号，填图单元，日期，分段路线距离，点间累计距离，路线方向，备注，分段路线描述文件名 |
| 点间界线（B） | BOUNDARY | LINE | 顺序号，图幅编号，☆路线号，☆地质点号，☆B 编号，☆R 编号，纵坐标，横坐标，高程，经度，纬度，右边地质体，左边地质体，界线类型，走向，倾向，倾角，接触关系，国标码，备注，日期，点间界线描述文件名 |
| 样品 | SAMPLE | POINT | 顺序号，图幅编号，☆路线号，☆地质点号，☆点间编号，☆野外编号，☆样品类别，纵坐标，横坐标，经度，纬度，地理位置，采样深度（cm），样品质量（kg），袋数，块数，采样人，日期，填图单元，野外定名，鉴定定名，送样单位，分析要求，备注，国标码 |
| 照片 | PHOTO | POINT | 顺序号，图幅编号，☆路线号，☆地质点号，☆点间编号，☆照片编号，纵坐标，横坐标，经度，纬度，描述内容，照片序号，镜头方向，国标码，日期 |
| 卫星定位路线轨迹 | GPS | POINT | 纵坐标，横坐标，经度，纬度，高程，时间，☆路线号 |

注：☆为主码。其中地质点 POINT，分段路线 ROUTING，点和点间界线 BOURDARY 还有结构化文件，分别以地质点号与 P，R，B 组成文件名。

（1）剖面尽量垂直于岩层走向，每个地层最好有顶面和底面，选择发育好，厚度最大的地段，且受人类活动影响较小的位置。

（2）根据对剖面的精度要求，确定剖面比例尺，由于基坑或陡坎一般深度不超过 3 m，为了在图上能把表示 1mm 宽度的岩性单位划分出来，应选取 1 ∶ 10 的垂直比例尺绘制。

在剖面上要进行详细分层，逐层描述，描述内容包括剖面中各层的厚度、岩性、沉积物的基色和所夹色斑、色带、干燥色和湿润色；区分原生色和次生色，辨别潜育化、潴育化、富铝化、灰化、白浆化等现象；沉积物结构构造，包括层理发育程度、上下层接触关系、风化程度等；沉积物的可塑性、坚硬程度；特殊的岩性夹层特征。并系统采集 AMS $^{14}$C 测年样品、微体古生物样品，根据测试结果绘制实测剖面图，并确定沉积物的年代和沉积相。

根据年代＋成因的划分方法，长三角平原区的填图单元可分为冲积平原、冲海积平原、海积平原、湖积平原、冲湖积平原等。

## （六）GPS 校准

在对一个新的图幅填图时，首先对掌上机进行 GPS 校正，校正掌上机坐标与地形图坐标是否一致，如不一致就要对掌上机 GPS 测量坐标进行校正，并记录归档（见 GPS 定点校正记录表），每个图幅进行 2 ～ 3 次校正（应分别在不同地区进行）。掌上机 GPS 系统误差校正步骤如下：

（1）对一个图幅进行填图之前，在地形图中找一个明显的标志点，如桥头、丁字路口、三岔路口、十字路口（公路、大路、小路均可）、路的拐弯处、明显的独立树、独立房等，只要标志点明显都行，量出该点的坐标值（理论值），记录在 GPS 定点校正记录表中。

（2）打开掌上机，读出掌上机上的坐标值（实际值），记录在 GPS 定点校正记录表中。

（3）掌上机上读出的坐标值与地形图中量出的坐标值之差为误差值，把误差值也记录在 GPS 定点校正记录表中。注意误差值有正、负之分，如掌上机上读出的坐标值（实际值）大于地形图中量出的坐标值（理论值），该误差值应为负值，反之为正值。

（4）计算几次校正后的误差平均值，在填图系统打开后的界面中单击"GPS 误差校准值"，进入 GPS 系统误差参数调整界面，在此界面的黑框中填上 X、Y 误差平均值（按正、负），单击 OK 即可。

（5）最后观察掌上机坐标值（实际值）是否与地形图中量出的坐标值（理论值）一致（如误差为 10 ～ 20m 不需校正，误差太大需重新校正）。

## （七）槽型钻使用简介

槽型取样钻技术是目前国内外进行地表松散层 3m 以浅第四纪地质路线调查普遍采用的技术手段，采用槽型钻进行路线填图时，地质路线安排采用以穿越法为主、追索法为辅，布置的原则为穿越不同地貌、地质单元。路线方向大致以垂直河流、微地貌的走向进行布置，对特殊意义的地质体采用多种方法相结合，以准确圈定其界线。槽型钻观察点记录采用数字化数据采集仪、手持式 GPS 定位仪定位。记录内容包括沉积物颜色、岩性、成分、结构构造、黏性、塑性、含矿性、绝对高度、相对高度等，对砂砾层或含砾地层应描述砾石大小、成分、磨圆度、表面特征、定向排列情况及胶结物、胶结程度等。同时还需详细记录观察点所处的地貌特征、地下水位、土壤类型、植被环境、灾害等其他重要的地质现象。

槽型取样钻技术通过人力将槽型钻头敲入地表松散层中，再旋转，提钻，取样，如图 4-3 所示。

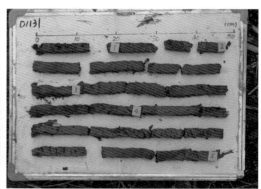

图 4-3　槽型钻钻进及取样示意图

**1. 槽型钻施工（使用）方法**

用接头把槽型取样钻把手接上要用的钻头，然后把装好的钻头垂直向下对准要钻的部位，再装上加压器用力向下压（或用专用锤向下打）。一般较软的地层一人用双手向下压就行，较硬的地层需两人同时向下压（或用专用锤向下打），如再压不下就一人扶杆另一人站在加压器上用力向下踩，也可两人一人站一边用力向下踩，注意要站稳。如压不下可取上样品然后继续再压。注意向上提杆时应先向一个方向旋转钻杆，使钻杆松动后再向上提杆，抽出钻杆横放在地上，钻头槽口向上，用取样铲将样品外表污泥刮除，然后用取样铲将样品从钻头槽内取出。每完成一个孔要将取样钻用清水洗净。

**2. 槽型钻使用（地层或沉积物中）适宜性**

槽型取样钻取样深度与沉积物质成分和含水量有关，槽型取样钻最适宜在第四纪松散沉积物地层中运用，土心基本不扰动，可以对每个钻孔进行详细编录、取样。特别是在地势平坦的长三角平原区，应用槽型取样钻填图可以大大提高平原区第四系覆盖区地质调查的精度，为调查研究第四纪浅表松散沉积物组成、潜水含水层、新构造活动、地质灾害及矿产资源等详细信息，研究包气带岩性结构对浅层地下水、土壤环境及在土地利用和保护等方面的作用，同时为研究近时期生态环境演变，提供新技术手段。与以往采用麻花钻或露头观察的方法比较，调查的精度得到了很大提高，与传统的填图方法相比，省时省力，经济实用。

下面依次列出槽型取样钻直径 2cm 钻头使用适宜性地层或沉积物。

1）黏土

该沉积物可分两部分：①全新世再生黄土，在该地层中最深可压到 5m 左右，但需不断加水，压时较用力，取样品较容易。一回次可以压（或用锤向下打）0.3～0.5m 深。②更新世黄土（下蜀黄土），该地层较硬，最深只能压到 0.8～1m，再向下压较困难，需不断加水，压时较用力，取样也较困难。一回次只能压（或用锤向下打）0.2～0.3m 深。

2）含粉砂黏土（砂质黏土或黏土质粉砂）

该沉积物取样深度能达 8m 左右，含水量高时取样顺利，含水量较低时需加点水向下压（或用锤向下打）。一回次可压 0.5～0.8m 深。

3）淤泥（砂质淤泥或淤泥质粉砂）

该沉积物取样深度能达 10m 以上（实际使用时在该地层中最深压到 10.5m），含水量低时取样顺利，含水量较高时取样较困难，施工该沉积物时不需加水。一回次可压 1m 深（一回次压深不能大于取样钻头深度，否则会掉样）。

4）含黏土粉砂

该沉积物较松散，黏性小，下压较容易，但取样较困难，打该地层时千万不能加水，加水后取样更困难。该沉积物取样深度能达 5m 左右，一回次可压 0.3～0.5m 深。

5）粉砂

该沉积物虽较松散，黏性小，但颗粒较粗，沉积较板实，不易下压，取样深度最大达 2.5m 左右。因黏性太小，取样较困难，一回次最多能压 0.1～0.2m 深。

总之槽型取样钻最适宜在松软地层中使用，取样深度一般在 5m 左右最适宜，过深难压，取样较困难。

**3. 土样采集**

将取出的样按顺序放在一块塑料板上（如不及时取样也可放在岩心箱内），板上按 10cm 一格标上长度（便于编录），孔完成后，依次对样品进行编录、照相（需要时）、取样（样品量不够时可在原地进行第二次、第三次重复打孔，直至样品量够时）。取样时把样品外表的污泥去掉。如需测磁化率时，应先测磁化率然后再取样。

施工时备上大活动扳手 2 把，1.2m×0.6m 木板一块，水桶一只、水勺一只、抹布、台布、手套等用品若干（视任务而定）。

## 三、地球物理探测

根据长三角平原区填图工作中不同的地质调查目的，应采用不同的地球物理调查方法。从宏观上看，重力和磁法用于研究区域地质构造，具体方法已在预研究阶段介绍，电法用于研究从浅部到较深部的地质结构，浅震用于研究浅部的地质结构。

### （一）浅震勘探

近年来地震地层学取得了较大的进步，特别是在油气勘探领域，效果显著。利用反射地震资料，研究地层接触关系，进行地层划分对比、沉积相分析。可以了解不同环境下形成的沉积体的三维外形轮廓、内部不同岩层的成分和分布，从而可以根据沉积体的外形轮廓与邻接关系，反推其形成环境及岩性分布。

**1. 浅震的地质意义**

（1）波组的标定，可作为区域地层划分、对比的重要依据。长三角平原区利用地震时间剖面反射波特征，结合地质资料推测，可标定基岩面附近的反射界面及区域内连续的多个反射波组界面。

（2）松散层地震相的划分，地震相具有重要沉积相意义，通常包括地震反射结构、地震相单元外形。

地震反射结构。地震反射结构是指地震剖面中同相轴振幅、频率、连续性三个基本要素的特征；振幅强说明界面上下岩性差异大，高频率说明层厚小、交替频繁，连续性强说明横向上岩层厚度稳定。

地震相单元外形。浅地震剖面松散层中可识别出多种明显的地震反射构造：①平行（亚平行），以同相轴彼此平行或略有起伏为特征，是沉积速率在横向上大体相等的均匀垂向加积作用的产物，一般代表陆棚或平原地区的匀速沉积作用。②波状构造，即在平行构造中存在细微结构上的波状起伏，说明在更细级别成因层序中沉积速率在横向上并不相同，可能存在次级的侧向加积作用，通常在冲积平原、滨浅海及总体沉积速率相对比较缓慢的扇体等相带中容易产生这种构造。③发散状构造，根据同相轴间距可以判断沉积速率。

**2. 地震勘探物性条件**

（1）长三角平原区潜水位一般不深，地表广为第四系覆盖，岩性以含粉砂黏土、砂土为主。浅层激发条件相对较好。

（2）第四系一般为松散沉积物，沉积物岩性由砂土层、含粉砂黏土、黏土、细砂、粗砂相间而成，古沉积环境大部分属河流相沉积环境，反射波能量较强但连续性较差。具备一定厚度（一般在厚度大于 5m 时）的含粉砂黏土、黏土与其上下的砂土，或与砂砾层物性差异较大，能产生多组较好的地震反射波。

（3）松散沉积物与基岩的分界面物性差异大，可产生连续较好、信噪比高的反射波。

（4）基岩面以下，本区内还存在其他重要界面反射波，波能量较强，局部区域能量较弱，能够连续追踪。

综上所述，本区地震反射波组较发育，能量较强，地震地质条件较好。

**3. 浅层地震勘探及数据处理流程**

（1）确定二维浅震勘查的目标任务。根据地质资料，明确通过地震勘查，揭露第四系覆盖层厚度，地质构造形态，了解古河床、古隆起等分布，圈出第四系、新近系、基岩间的界面等。

（2）明确二维浅震勘查的技术要求。测量方式、激发方式、道间距、炮间距、采样率、记录长度、叠加次数、震源方式，这些在进行勘查设计时都要明确，一些不确定因素待施工时进行调整。

（3）野外施工。野外施工又包括野外试验工作、测线布设、确定施工参数、测量、数据采集、工程质量评价几个方面。

（4）资料处理。根据采集数据质量好坏，确定资料处理重点考虑方面，主要达到提高地震资料的分辨率和障碍物处资料信噪比的目的。地表一致性反褶积、速度分析、剩余静校正及叠后带通滤波等处理模块为重点，图4-4为地震数据处理流程图。

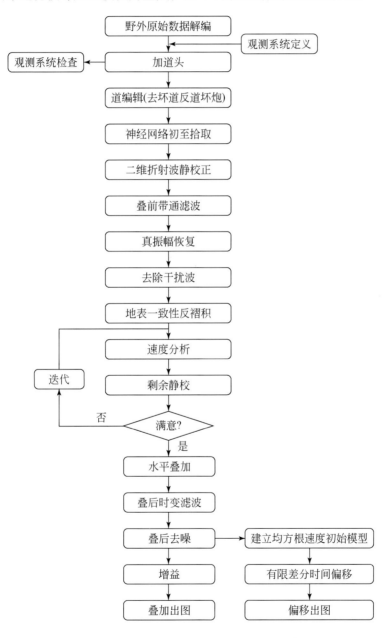

图4-4　地震数据处理流程

（5）资料解释。地震资料解释大致可分为地震地质层位标定、波组对比和追踪、地震相解释、构造解释、波组的时－深转换等步骤，流程如图4-5所示。

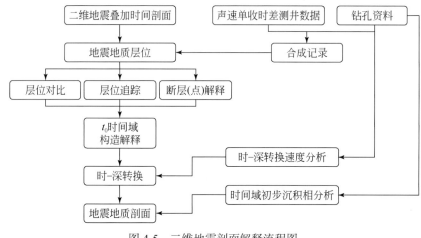

图 4-5　二维地震剖面解释流程图

**4. 地质解释重点**

根据目标任务，对第四系底界面起伏形态、新近系底界面（基岩面）起伏形态、古近系底界面起伏形态、地层沉积特征及沉积相、断层构造进行详细解释。

## （二）可控源音频大地电磁法

可控源音频大地电磁法（CSAMT）主要用于探测隐伏断裂构造。

**1. 物性特征**

长三角平原区内不同岩矿石之间存在较为明显的电性差异，第四系（Q）松散层岩性以黏土、粉砂质黏土、砂岩为主，电阻率较高，在 $15\Omega \cdot m$ 以上；新近系盐城组（$N_{1-2}y$）岩性以黏土、中砂、细砂、含砾中粗砂等为主，电阻率为 $5 \sim 15\Omega \cdot m$，并且岩层电阻率随砂岩颗粒大小和泥质含量的不同变化较大；古近系（E）岩性以泥岩、粉砂岩、细砂岩为主，视电阻率最低，在 $10\Omega \cdot m$ 以下；白垩系赤山组（$K_2c$）、浦口组（$K_2p$）岩性以砂岩、粉砂岩、砂砾岩为主，视电阻率相对高，为 $15 \sim 60\Omega \cdot m$；侏罗系（J）及古生代的碳酸盐岩视电阻率更高，在 $100\Omega \cdot m$ 以上。

含水断裂构造视电阻率总体较低，不同地层、断裂构造之间的视电阻率差异是电法勘查的物性前提。

**2. 数据处理流程**

可控源音频大地电磁法测深资料处理主要是消除各种效应、绘制视电阻率和相位曲线或拟断面图，对可控源音频大地电磁法测深资料进行正反演计算获得深度域的电阻率断面等。

数据资料处理主要分为预处理和反演处理两个部分，预处理对原始曲线进行适当的编辑，以去除明显的由干扰或地表不均匀性引起的假异常；反演处理是对预处理后的曲线进行反演计算,将频率-视电阻率数据转换为深度-反演电阻率数据。

数据处理包括以下几个步骤:①预处理(其中包括观测数据的解编、信号的回放检查、仪器系统的标定等)。②由时间域信号转换为频率域信号。③张量阻抗的性质及计算。④场源效应、静态效应等的消除和校正。⑤一维、二维正反演计算。

**3. 断裂判断标志**

在电阻率断面图横向上出现电阻率突变或纵向上见陡立的低阻异常,一般是判断断裂构造存在的主要标志。

平面电阻率切片图,可以反映出某个深度平面上地层的电性特征,高阻区和低阻区的相间分布可判断地层底界埋深的变化情况及推断断层的方向。

### (三)测井和电测深法

**1. 测井**

长三角平原区第四纪地层为松散堆积层,岩性一般为砂类和黏土类地层。其中砂类地层为含水层,它透水性能好、空隙大,由石英、云母等高阻矿物组成;黏土类地层由于孔隙细小、饱含结合水、不能透水与给水,起隔水层作用,由风化长石类低阻矿物组成。由于含水层与隔水层组成的矿物成分及含水层之间矿化度不同,因此在物性上存在较大差异。

由于自然伽马曲线、视电阻率梯度曲线及自然电位曲线在渗透性地层和隔水层均有明显的异常特征,且对地层水矿化度变化有明显的异常反映,采用这三种参数进行比对分析,再结合钻孔地层取心资料进行剖面地层划分,确定含(隔)水层和咸(淡)水层,并进一步进行区域性的地层对比。

1)隔水层和含水层的划分

自然伽马曲线在渗透性砂层上有明显的低值异常,因含水砂层相对其他地层的放射性含量低。黏土层含长石类矿物,自然伽马含量高,曲线在黏土层上反映为高值异常;自然电位曲线在渗透性好的地层表现为负异常,在渗透性差的地层表现为正异常。视电阻率值的大小,一般取决于其钻孔地层的导电性。由于砂层由石英、云母等高阻矿物组成,故砂类地层的视电阻率值一般较高,曲线在砂层反映为高值异常;相反黏土类地层在视电阻率曲线上为低值异常。但是在咸水区,视电阻率曲线不能反映地层的导电性,需借助其他参数判断含水层。

2)咸淡水界面的划分

咸水层和淡水层的地层水得以独立存在,是由于咸淡水层之间存在隔水层的作用,划分咸淡水界面,也就是划分出咸淡水层之间的隔水层。

地层水矿化度的变化对自然伽马参数没有影响,但是对视电阻率和自然电位这些电性参数影响很大。视电阻率曲线在地层水矿化度较高的咸水区完全不能反映地层的电阻率特征,表现为一条直线。而自然电位曲线取决于井内泥浆和地层水的矿化度对比:当地层水矿化度大于泥浆矿化度时,自然电位在渗透性地层呈现较大负异常,在非渗透性地层呈现负异常区段中的正异常;当地层水矿化度小于泥浆矿化度时,自然电位呈现正异常。

**2. 电测深法**

1）电测深数据处理流程

数据资料处理分为预处理和反演处理两个部分，预处理对原始曲线进行适当的编辑，以去除明显的由干扰或地表不均匀性引起的假异常；反演处理是对预处理后的曲线进行反演计算，将 AB/2 间距－视电阻率数据转换为深度－反演电阻率数据。数据处理流程如图 4-6 所示。

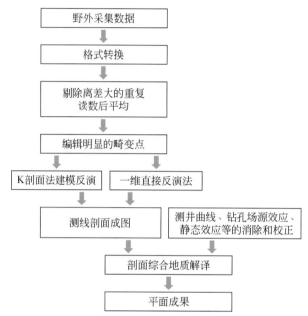

图 4-6　视电阻率垂向电测深数据处理流程图

2）电测深曲线特征

（1）视电阻率反演曲线、测井曲线、承压水层划分对比。反演处理完成后，深度的校正才可以在后期的解释中直观显示界面准确深度。需要对比确定反演曲线与测井曲线及水文地质钻探存在整体的深度误差。根据钻孔附近的电测深测点，而每个钻孔的校正比例是不同的，经过统计得出最佳的、适用于大部分钻孔的校正参数。将反演电阻率曲线和测井曲线及水文地质参数绘于同一坐标系统之下，进行区域的对比。

（2）电阻率与矿化度相关性曲线。根据电测井相应深度的电阻率平均值与水质分析资料，可得出电阻率与矿化度的关系。

（四）物探方法应用效果总结

（1）在长三角平原区填图工作中，地球物理方法仅仅作为其中的一种技术手段，发挥的作用比较有限，在探索区域地质构造方面，重力法、磁法非常有效，能将断裂构造、拗陷、隆起、岩体等解释出来，在探索第四系覆盖层厚度、地层结构方面，高密度电法、地震、重力、测井方法有效。在研究深部隐伏地质构造方面大地电磁测深、瞬变电磁法、可控源音频大地电磁法都有一定效果，表4-4是几种地球物理勘查方法优缺点的对比。

**表4- 4　松散层勘查地球物理方法对比**

| 工作方法 | | 勘查深度 | 分辨率 | 抗干扰能力 | 工作效率 |
| --- | --- | --- | --- | --- | --- |
| 浅层反射地震法 | 纵波 | 深 | 高 | 较强 | 一般 |
| | 横波 | 较浅 | 高 | 较强 | 一般 |
| 高密度电法 | | 较浅 | 较高 | 强 | 较高 |
| 瞬变电磁法 | | 深 | 较高 | 一般 | 较低 |
| 可控源音频大地电磁法 | | 深 | 一般 | 较强 | 高 |
| 加密极距直流电测深法 | | 较深 | 一般 | 强 | 低 |

（2）大地电磁测深、瞬变电磁法在研究地下隐伏地质构造方面都有一定效果，但大地电磁测深抗干扰能力一般，瞬变电磁法工作效率较低。

（3）可控源音频大地电磁法在探测深部隐伏断裂构造方面效果很好，尤其在寻找含水裂隙或断层应用方面十分有效。

（4）综合测井、直流电测深在南通地区能很好地反映承压水层位，以及咸淡水分界面，但在泰州地区对咸淡水及承压水层位反映不明显，但也能反映出砾石层及钙层，因此测井勘探在不同物性条件地区所反映的地质现象也不一样。直流电测深在第四系较厚的长三角平原区的勘探也是有一定局限性，垂向分辨率随深度的增加而减弱。

（5）总的来说，重力、磁法、浅层地震、高密度电法、电测深、测井等不同的地球物理方法对研究长三角平原区第四系地层结构，以及下覆基底构造都有一定效果，但存在各自的局限性。应根据地质条件及目标任务，有目的地选择重力、磁法、浅层地震、测井等多种地球物理方法综合解释。

## 四、第四纪地质钻探

长三角是松散沉积物深覆盖区，由淮河和长江携带的大量物质在此沉积了数千米的河湖相地层。第四纪松散沉积物厚200～300m，在局部地区发育较齐全，大部分地区由于河道的来回摆动，局部地层缺失。地势平坦，海拔不超过10m，想要获得详细的岩性、结构、构造，只有通过钻探取心。第四纪地质钻探主要分为以下几个步骤：钻孔布置、钻孔施工、岩心拍照与编录、钻孔样品采集、钻孔资料入库。

### （一）钻孔布置

钻孔布置按一孔多用原则进行，钻孔位置尽可能根据已有资料和物探工作结果进行确定。依据物探推测，布置部分揭露基岩的钻孔；根据以往钻孔资料丰富程度，在区内钻孔稀少区布置部分揭穿第四纪地层钻孔。在钻孔布置上，采用标准孔和控制孔两种，标准孔用来研究第四纪地层结构及空间分布，控制孔用于构建第四纪三维地质结构模型。

（二）钻孔施工

所有孔均为全孔取心钻进。钻探要求参照《岩心钻探规程》、第四系钻孔编录、样品采集及相关技术资料要求执行。

钻孔开工前钻探队根据设计书明确钻孔目的、钻孔类型、位置、设计坐标、设计深度及技术要求。开孔前应按设计要求核对实地位置，需改变孔位时应书面说明变更原因，重大调整要经设计审批部门批准。

钻孔施工的程序分为 10 个步骤：①钻孔坐标定位（包括地面高程、地理坐标、地下水位等勘测数据）；②施工安全检查；③项目技术负责进行技术交底；④核查孔口坐标、主轴方位、斜度（天顶角）及岩心收集装置等；⑤钻探施工并同步进行编录；⑥钻进过程中见重要标志层、断裂、重要地质现象，处理重大孔内事故后和终孔时进行孔深校测；⑦随时检查核对岩（土）心摆放顺序及采取率、孔斜等质量指标；⑧综合测井；⑨钻孔验收、封孔和建立孔口标志；⑩完成岩（土）心处理、保管工作。施工中应遵循以下要求：

（1）设计钻孔均为直孔，开孔孔径和终孔孔径不小于108mm。必须是全孔连续取心钻进，严禁超管钻进，回次一般不得超过 3m，必要时应限制回次进尺和回次时间；在松散地层中，潜水位以上孔段，应尽量采用干钻或少水（浆）钻进，潜水位以下方可带水钻进；在砂层、卵砾石层中尽量采用反循环钻进；黏性土的采取率不低于90%，砂性土的采取率不低于 75%，卵砾类土的采取率不低于 60%。

（2）每钻进50m及终孔时，均需进行孔深校正，钻进深度和岩土分层深度的量测精度，不应低于 ±5cm；终孔深度误差不得大于千分之一，若超差应及时纠正。每 100m 孔斜率不得超过 2°。要求做简易水文观察记录，水文观测包括初见水位、静止水位等，每小班（提钻后、提钻前）至少测一次水位及冲洗液消耗。钻探过程中遇到涌水、漏水等，应及时记录其深度。处理事故或因故停钻时，要观测和记录孔内水位。

（3）配设地质人员对岩心进行原始编录。每个孔所有资料单独成套，各项原始资料都应满足设计要求，并保持清晰完整，数据准确。岩性描述要求认真、及时、准确、真实，凡超过 0.5m 的地层单独分层；厚度不足 0.5m 的标志层或特殊层位，如硬土层、富有机质也应分出（分层）。颜色描述应以标准色卡为准。

（4）钻孔需采集少量工程地质样品进行测试分析。按岩性层位采集土样进行测试，根据单个层位的复杂程度及厚度，采样距离可适当调整，如单层较厚且较均匀的，取 1～2 个样代表即可。样品采集需用专用采集筒（一般为铁皮），样品直径不小于 89mm，长度一般为20cm。样品采集要保证样品的完整性。采集的样品装入采集筒时需注意样品的上下次序，装好后，采集筒外要用纱布包裹，贴上标签，注明样号、位置等信息，标注上下方位，及时封蜡，并尽快送往实验室测试，运输过程中需防止样品的震动。样品测试项目按工程地质勘查规范中的要求主要是常规指标的分析，包括物理性质指标和力学性质指标的测试。试验项目主要有抗压强度、块体密度、含水率、液塑限颗粒分析、含水量、颗粒密度、液限、塑限、渗透系数、最大分子吸水量、压缩系数及压缩模量、粒度分析、比重等。

（5）岩心需先排放在中间劈开的 PVC 管（内径 110mm）中，PVC 管需按采取岩心顺序编号，根据取出岩心上下关系标注箭头方向，等地质技术人员完成劈心、拍照、采样等工作后，再放入岩心箱内并集中妥善保管。岩性劈开后，分 A、B 两套分别装入岩心箱中保存。其中，A 套为岩石地层研究专用，B 套主要为采样用。松散沉积物地层钻进时，常常遇到岩心长度大于进尺的情况，尤其是黏性土层，易出现残留，残留岩心可按下面的方法由编录人员进行处理：①在岩心完整时以本回次岩心采取率为 100% 计，将超出部分推到上回次计算，如继续超出可继续上推，最多只能上推三个回次。②上推过程中，如遇岩性变化需分层时，则以上推后的回次孔深位置为准进行分层和换层深度的计算。③如岩心破碎、干扰严重，所采岩心一般不准上推。

（6）钻探班报表应由专人负责，钻探班报表记录要详细、清楚、真实，数字要准确，报表要整洁，并如实反映情况，交接班长和机长要亲笔签字。岩心回次牌同班报表中数据要一致，岩心箱要牢固，隔板齐全，岩心箱长为 1m，间隔宽大于 120mm。岩心清洗或清理后按顺序放入岩心箱内，不得颠倒。岩心应防止曝晒、雨淋，以便于竣工验收。钻探结束后统一运送至存放地点妥善保存。

（7）钻探施工结束 48h 内，应及时进行物探测井工作，测井工作之前要进行孔深测量，若孔内有沉淀物，达不到孔深要求，必须进行冲洗、捞砂工作，保证测井仪器探头下到施工钻孔孔底。测井内容为视电阻率测井、电化学测井、密度测井、放射性测井、井温测井和波速测井等，并达到相应技术规范要求。测井数据需提交 Excel 格式数据。测井需严格按测井规范［《地球物理测井规范》（DZ/T 0080—2010）］执行。

（8）填写封孔记录表，提交钻孔验收，用黏土球封孔。封孔后，必须在孔口中心处设立水泥标志桩。

（9）岩心采取率达不到规定标准时，编录人员应及时要求施工方采取有效措施，确保达到设计要求。野外岩心必须进行彩色拍照或录像，建立岩心图片库（需注明孔号、位置等内容）。单个钻孔完工后，由项目承担单位组织验收。验收不合格的钻孔必须返工。

（10）施工方应对野外记录的数据和照片整理；检查校对野外编录内容；核实并计算处理各种数据；整理样品、标本，包括编号、登记、包装、填写送样单等。并编制钻孔地质小结，主要内容包括施工日期、钻孔设计概况、成孔过程、主要地质成果、存在问题等。

（三）岩心拍照与编录

由地质编录人员在施工现场进行跟班，首先将岩心劈成两半，一半用于采样，一半用于照相和描述。然后计算回次采取率，回次采取率 = 本回次岩心长 / 本回次进尺，根据岩心的长度获得每个 PVC 管的管底深度，进行照片拼合。

在第四纪松散层钻孔编录时，厚度大于或等于 0.5m 的岩性地层应进行分层描述。编录应突出重点，特殊地质现象要详细描述并做放大素描，或用照片、录像等记录并编号。

取样要及时记录，应标明样品类型及编号、采集位置（深度）及采集人等。

编录前应准备小刀、铅笔（2H）、橡皮、钢卷尺、量角器等记录和测量工具，计算器、数码相机、10 倍以上放大镜等现场观测仪器，采（剖）样工具、样品标签及样品包装材料、简易水文观测工具及各种需要的表格，岩心箱或其他保管材料、岩心牌、毛笔、记号笔、油漆、岩心保管场地等。

基岩主要描述岩石名称、岩性、颜色、结构、构造、成分、风化特征、完整程度等；古生物及遗迹化石；各种地质界线，特别是标志层、构造、断裂界线等。

松散层主要描述：名称、颜色、状态、结构、构造、成分等。对不同类型松散沉积层还应增加以下内容：①土层，同生变形构造、古土壤、包含物（泥炭、有机物含量、矿物结核和古生物化石等）、生物活动遗迹等。②砂层，矿物成分、粒度、分选性、磨圆度、特殊沉积构造、包含物（矿物结核和古生物化石等）等。③砾石层，砾石成分、粒度、分选性、磨圆度，胶结物成分、类型与胶结程度，特殊沉积构造、包含物（矿物结核和古生物化石等）、砾石风化程度等。还应该仔细观察分层接触关系及次生变化，并注意记录特殊事件的沉积层，如硬土层、泥炭层、贝壳层、古土壤层、松散团块结构层等。

在野外应尽可能对岩心进行综合观察分析，如一次摊开适当长度的岩心按顺序系统观察，便于掌握岩性变化，建立宏观认识，区分和发现特殊标志层和含有物，使分层更加合理。除肉眼和放大镜观察外，对松散沉积物还要利用手搓泥条、刀具划、切等手段鉴别黏性土的级别，对粗颗粒沉积物如卵石等需要洗净、敲开仔细观察，进而根据设计规定的分层标准要求做出分层的判断。在野外编录时，和已有资料的钻孔进行对比分析研究，初步判断钻孔的时代界线，如早更新世／中更新世、中更新世／晚更新世、晚更新世／全新世及第四纪的底界等。并根据颜色、岩性、结构构造，初步划分沉积环境和沉积相。

（四）钻孔样品采集

在第四系平原区开展区调工作，第四系标准孔的工作是区调项目具有重大意义的一项工作，同时第四系标准孔测试项目集中，采集样品数量较大，必须进行全面的计划和统一安排部署工作，因此在钻探过程中项目组有一人专门负责该项工作，主要负责地层的描述、编录和取样及与钻井队的协调。其中古地磁和 OSL 样品在岩心获得后立即采集，其他样品按一定的间距进行采取（其中标准孔的间距为 0.2 ～ 0.3m，控制孔的间距为 0.5 ～ 1m），后期按照不同的研究目的分样。

一般所采集的样品种类有热释光（TL）与光释光（OSL）、$^{14}$C、电子自旋共振（ESR）、古地磁、磁化率、孢粉、有孔虫与介形虫、软体化石、粒度、碳酸盐、黏土矿物和重矿物等。

由于采集样品数量较大，岩心数量有限，因此样品采集过程中难免会发生冲突，一般采集样品的次序是先采集年代样品，然后采集其他样品。

**1. 年代样品的采集**

1）古地磁样品

古地磁研究的理论基础：沉积物中矿物的剩余磁性记录着沉积物形成时地球磁场的极

性特征。通过测量沉积物中剩余磁性强度来反映当时地磁场的方向，将获得的极性柱与标准极性柱对比，可建立沉积物的年代序列。

由于粗颗粒沉积物的定向排列受到非地磁场作用的影响，如流水方向、压实作用会因后生作用使磁倾角变小，因此，对于古地磁研究最好的沉积物是粉砂和黏土，因为它们记录的高矫顽力的剩余磁性受水流作用影响最小。自然界大部分磁性矿物是铁和镍的化合物，因此一般采用铜质的刀和铲，千万注意在处理样品时不要使用铁刀和铁铲，防止铁颗粒进入样品而干扰测试数据的准确性。目前国内古地磁实验室的仪器有几种样品规格：$2cm \times 2cm \times 2cm$ 古地磁标准样盒；$3cm \times 3cm \times 3cm$ 古地磁标准样盒；$1in$[①]圆柱体古地磁标准样盒。

2）AMS $^{14}$C 样品

$^{14}$C 样品采集要求是：由放射性碳素的半衰期决定，目前常规 $^{14}$C 测年在国内一般小于 50000a，最佳测量年龄范围为距今 30000 ～ 300a。

测试样品采集淤泥、泥炭、木头及碎屑、钙质结核、动物骨骼、贝壳、植物果实、种子等含有碳元素的物质，泥炭、木头及碎屑一般采集 50 ～ 100g，其他含碳量较低的物质一般采集 300 ～ 500g。防止样品污染，不可将纸做的标签放入样品袋中，不要直接装入布袋或用纸包装，用塑料袋包装，注明样品编号。

3）TL 与 OSL 样品

热释光（TL）、光释光（OSL），根据目前国内实验室条件和仪器设备精度，目前测试年龄一般为 1000 ～ 0.1ka，在 100ka 内精度较高，主要是测量石英、长石中宇宙核素含量，根据其衰变的速度来计算沉积物沉积时最后一次暴露的年龄。

样品采集要求是：所有岩心取出岩心管后，避免阳光直接照射，采样时必须绝对避光，用黑雨伞或黑布遮光取样。采集完整的柱状样品，一般为 500g，标明样品编号和上下方向。由于测量的是石英和长石颗粒，因此样品采集时应避免泥炭或淤泥层等含石英和长石颗粒少的岩性。还尽可能避开岩心管的顶、底部岩心取心时受热影响较大的部分，原则上可采集含石英和长石颗粒的所有岩心，风积、湖积、冲积和海积等成因均可。

4）ESR 样品

电子自旋共振（ESR）测量年龄范围大于 1Ma，一般可以测几十万年到十几百万年时段的年龄。

ESR 样品采集要求是：测年样应尽量避免采集直接暴露于地表的样品，岩心取出岩心管后，最好避免阳光直接照射，采集相对较粗的物质，一般采集 500g 左右，用塑料袋包装，注明样品编号。

样品采集后不需要晒干或烘干，可装入塑料袋内送交实验室。沉积物不宜太细，也不宜太粗，尽量选取石英含量较高的砂性碎屑物。对样品含水量（天然）进行估计，在饱和带或水下采集的样品应注明。

---

① 1in=2.54cm。

**2. 生物样品的采集**

孢粉、微体古生物、软体化石、脊椎动物化石样品等的采集要求是采集平行样品，即要求同一深度，便于数据处理和对比研究，防止样品污染即上下岩心的混杂，取样时应将泥皮去掉。

1）孢粉样品

孢粉样品采集 200～500g，如遇较厚的泥炭层，则应适当加密，对古土壤和淋淀层也应予以重视。严禁串染，在岩心湿软时就剥净泥皮。用塑料袋包装，在袋外注明编号。

2）有孔虫与介形虫样品

有孔虫与介形虫样品采集 200～500g，原则上要求逐层系统采集有孔虫、介形虫等样品，应在同一深度取样。用塑料袋包装，在袋外注明编号。

3）软体化石样品

对钻孔岩心中发现的软体化石，尤其是重要的层位，如海侵层中海相软体化石、湖沼相中的软体化石一般都要采集，记录深度，最好采集完整的个体，可以准确地鉴定。用塑料袋包装，在袋外注明编号。

4）脊椎动物化石样品

在任何层位发现哺乳动物化石，都要采集，牙齿及带有牙齿的下颌骨可以准确地鉴定哺乳动物的种属，大的化石，为了保存和鉴定，需要用石膏封存。记录深度和编号。

另外，爬行动物化石、鱼类化石，一旦发现都要采集，与哺乳动物化石相似，记录深度和编号。

**3. 其他测试样品的采集**

1）粒度分析样品

样品采集 100g，砂层时样品采集 500g，用塑料袋包装，在袋外注明编号。

2）黏土矿物分析样品

黏土矿物主要是通过鉴定黏土矿物的类型和含量变化来研究沉积环境。

黏土矿物样品采集要求是只有黏性土才采集，一般采集黏土、含粉砂黏土、粉砂质黏土层，采集 300～500g，用塑料袋包装，在袋外注明编号。

3）化学分析样品

样品采集 100g，砂层时样品采集 200g，用塑料袋包装，在袋外注明编号。

4）重矿物分析样品

重矿物主要是通过鉴定重矿物类型和含量，研究沉积物水动力条件、沉积物来源、风化系数等。

重矿物样品采集要求是只采集砂层，即采集粉砂、细砂层，采 500～1000g，用塑料袋包装，在袋外注明编号。

5）碳酸盐样品

样品采集 100g，严禁串染，用塑料袋包装，在袋外注明编号。

（五）钻孔资料入库

第四系钻孔数据按照 1 : 50000 图幅进行组织，在数字填图中"第四系钻孔"文件夹内以钻孔编号为文件夹名称进行存储。施工钻孔数据采集项包括钻孔的基本信息，钻孔的回次库与分层库，相关数据存储在每个钻孔文件夹下 EngDB 文件夹中的 ZKFour.mdb 中。根据钻孔的基本信息与分层、回次描述，生成每个钻孔的钻孔柱状图，工程存储在每个钻孔文件夹下的 SketchMPJ 文件夹中。

第四纪钻孔柱状图根据编录的地质资料，包括回次、岩性、分层、时代、沉积相、采样、照片、钻孔方位及倾角等录入系统，绘制钻孔柱状图。

首先在 ZKFour.mdb 点文件中新建一个点，输入勘探线号、工程编号及比例尺；然后，编辑钻孔数据库，输入分层号、回次号、回次分层岩心长等；最后，修改钻孔岩石花纹里的背景颜色、粒度、花纹库代码等。

数据库完善以后，打开钻孔柱状图，进行柱状图设计，最后输出钻孔柱状图。

# 第二节  填图技术方法有效组合选择

## 一、地表地质地貌调查

长三角平原区地表地质图的填绘，采用槽型钻揭露 +DEM+ 遥感影像的方法综合开展，槽型钻揭示一定深度的地表松散层岩性组合，反映最新的沉积环境，DEM 反映全新世地貌微地貌特征，遥感影像从宏观上诠释不同地貌单元、沉积单元形成的先后期次，三者结合能够有效地描绘表层地质沉积特征，从而高效地填绘表层地质图。

（一）地貌调查

长三角平原区地貌调查首先是调查研究区地貌的分布位置、形状特征、地形起伏及其变化规律。长三角平原区现在地貌的形态变化，除了与成因直接相关外，还受后期的破坏、改造，最主要的营力是河流和海侵作用，必须观察水系变迁和海侵发育历史；配合第四纪地层的调查，研究松散沉积物的成因类型和厚度变化；长三角平原区的地貌调查必须加强新构造运动的研究，新构造运动控制平原的发育和演化。

**1. 地面高程模型（DEM）**

高程点的分布与长三角平原区地质界线、地貌形态有很好的关联关系，高程点在一定程度上可以指导地质界线及地貌单元的划定，从 1 : 50000 数字地形图上提取区域所有高程点，根据数值高低分色显示，可以直观地显示区域地貌情况。

**2. 卫星遥感影像**

遥感地貌解译是从研究区域遥感影像入手，了解区域内地貌形成条件与成因、先后期次，一般根据不同地貌单元的形态、纹理、色调等标志进行解译，进而全面系统地分析地形地貌的动态演化。

长三角平原区的卫星遥感影像能很好地、客观地反映地貌成因、形态特征、形成期次，可以使用的数据源也很多，包括低分辨率 Landsat 系列数字图像 OLI、ETM、TM 和MSS，在微地貌解译方面可以辅以空间分辨率优于 1m 的 WorldView、GeoEYE、Quick-Bird 等高分辨率影像。

**3. 地貌与沉积物的关系**

地貌调查与第四纪沉积物调查关系密切，应当配合进行，调查结果相互为用。第四纪地层是地貌发育的相关堆积物，各种成因堆积物构造的地貌迥然不同。根据沉积物的特征，可以确定地貌发育的古地理环境和地质作用过程。

## （二）地表地质调查

**1. 地表调查及路线布置**

地表填图路线安排采用穿越法为主、追索法为辅，布置的原则为穿越不同地貌、地质单元。野外勘查中，视地质情况调整观测点密度，在高程点值变化处、地貌单元、地质单元界线处，增加点密度、点间距和数量。对观测点采用 Eijkelkamp 槽型取样钻进行揭露，进行详细的第四纪地质现象描述，并对观测点周围的地貌、水文、环境和生态等其他重要的地质现象进行记录，充分做到"一点多用"。

**2. 槽型钻联合剖面表达浅表沉积物变化特征**

通过对路线地质调查中槽型钻揭露的浅表地层（0～4m）特征的分析，构建典型区域槽型钻联合剖面图，展示区域内浅表沉积物横向和纵向上的变化特征。

**3. 浅表沉积物粒度三维空间分布**

提取槽型钻揭露的沉积物粒度大小及三维空间分布，利用三维建模软件对粒度进行三维属性插值，可以得出 3m 以浅沉积物粒度三维属性模型。粒度的三维分布特征清晰地显示浅表沉积物粒度的变化特征。

## 二、第四系松散层调查

长三角平原区第四纪地层岩性、岩相及厚度变化大，钻探是获取深部地质信息的最直接手段，同时也需要开展多种方法对比研究、相互验证，包括年代学、微体古生物、孢粉、粒度分析、重矿物分析，黏土矿物 X 射线衍射分析、化学分析和电测井等，为整个区域第四纪地层与沉积环境的分析研究提供最科学、最直接的资料。

**1. 年代地层**

第四纪的测年手段主要包括磁性地层学、AMS $^{14}C$ 测年、OSL 测年、$^{10}Be$、裂变径迹、铀系法测年和 ESR 测年等。

**2. 岩石地层**

第四纪覆盖区岩石成因复杂,岩性变化大,难以简单地像老地层那样进行区域性地层对比。

可用于第四纪地层划分和对比的主要岩石学标志有:①沉积物的风化程度,一般来说,沉积物时代越老,风化程度越高,可由此确定局部地层的新老顺序;②反映区域地质事件的特殊夹层,这类标志层既具有岩石特征的一致性又具有同时性,如古土壤层、古文化层、海相夹层、火山灰(岩)层等,是第四纪地层划分对比直观的岩石标志和依据;③沉积物的颜色,松散沉积物的颜色及反映区域气候变化的岩性标志,如反映干旱气候的黄土、钙盐层,反映温暖气候的红土层和钙华层,反映潮湿气候的灰黑色沼泽、河湖沉积,反映寒冷气候的冻土、冰碛层等。

**3. 地貌地层**

第四纪是地球发展最近的一个阶段,第四纪沉积物(地层)与地貌有着密切的联系,时代越新的沉积物(地层)与地貌关系越密切。

地貌地层的研究意义体现在三个方面,一是不同时代不同成因的沉积物往往形成不同的地貌形态和组合;二是最新的地貌形态在地面高程模型上刻画清晰,地面高程对于地貌和沉积物形成期次划分具有重要意义;三是在新构造运动影响下,不同时期松散层的分布在高度上有一定的规律,在构造下沉或盆地区,沉积物时代越老其埋藏越深,而在新构造抬升的河谷区,冲积物分布位置越高其形成时代越老。

**4. 气候地层**

第四纪的主要特征之一是气候发生了显著的波动,出现了冰期、间冰期的多次更替,并具有变化频繁、影响面广、持续时间不定等特点,大量研究表明,这种变化具有大区域性,不同的区域会具有相似的规律性。气候的变化会导致古地理环境的变迁、生物迁徙、海平面升降等变化,这些信息会完好地记录在沉积物中。冷暖交替是第四纪气候的主要特点,根据这一特点,可将第四纪地层划分成一系列的暖期地层单位和冷期地层单位,这在区域性地层划分和对比中非常实用。

由于构造运动和地层发育条件的限制,气候地层的划分和对比极为复杂,必须结合地质年龄、岩石类型、化石组合等。

(1)孢粉组合:新近纪孢粉组合以热带、亚热带分子占优势,进入第四纪气候转冷,并出现明显的冷暖周期性变化特征,可作为第四纪地层划分的依据。

(2)风化指数(CIA 值):风化指数也是反映气候变化的重要指标,通过利用区域沉积物风化指数与全球气候标准曲线进行对比,可以确定气候变化特点,达到地质划分对比的目的。

**5. 矿物地层特征**

地层记录中矿物学信号能为地层划分对比及沉积环境分析提供重要的信息。一般认为沉积物中元素的丰度多数受沉积物的物质来源和沉积环境的制约，同时也受气候变化的影响；因此第四纪沉积物的矿物学特征可作为地层划分、对比的重要依据之一。

### 6. 钻孔联合剖面

以年代＋沉积相划分的钻孔联合剖面，主要表达区域上不同时段沉积相的横向和纵向变化，反映研究层位在某一方向上的沉积环境演化，是对研究区沉积环境变迁的综合认识。

### 7. 测井数据特征

在开展区域地质调查工作时，会布置相应的地球物理测井勘探工作，这样就能直接测出每个钻孔的各种物性资料，包括密度、视电阻率、波速、自然伽马等。

根据区内多个钻孔的测井参数资料，进行物性统计，可对同一区域不同沉积环境、不同沉积相的地层在物性上的差异进行研究，对研究第四纪地层沉积环境有较好的辅助作用。

## 三、基岩地质结构调查

覆盖层下的基岩地质调查在长三角平原区 1 ： 50000 填图工作中同样重要，调查对象是基岩面埋深与起伏变化，以及隐伏基岩的地层、岩石、构造特征，尤其要注意隐伏断裂的活动性研究。由于长三角平原区基岩埋深较深，采用钻孔技术对基岩开展调查效果较差，因而目前，国内外普遍采用物探方法组合对平原区基底结构开展填图工作。针对基底构造格局，需开展区域重力、航磁资料的分析解释，在平面上判断断裂构造、拗陷、隆起、岩体等的具体位置，再结合钻探及部分地球物理勘查资料，查明基底地质构造格局。

### （一）重力资料推断基底地质结构

#### 1. 拗陷、隆起

拗陷一般显示为明显的重力低，隆起则显示为明显的重力高，但要结合其他物探、地质等资料确定。

圈定拗陷或隆起边界的方法：第一步，通过异常分离提取拗陷或隆起重力异常（可求剩余重力）；第二步，利用拗陷或隆起重力异常的垂向一阶导数的零值线、水平一阶导数极值位置或重力异常水平总梯度模的极值位置进行圈定。

#### 2. 新老地层划分

利用重力资料可以识别存在密度差异的不同岩性的地层，在条件有利时，有可能区分不同新老时代地层，以及各时代的沉积地层、火山岩地层、变质岩地层。不同岩性的地层，通常存在密度差异。不同时代的地层也存在密度差异，一般随着地层时代的变老，密度有增大的趋势。因此，可以利用密度差异的分析，依据重力异常划分不同岩性或时代的地层。

地层边界（以隐伏长度、宽度为主）的圈定方法：利用推断为地层的局部异常的垂向一阶导数（或垂向二阶导数）零值、水平一阶导数极值位置，或总梯度极值位置，结合地质认识进行圈定。

（二）磁法资料推断区域地质构造

磁法可以用于了解磁性基底表面起伏、划分区域构造单元。在区域地质调查中，磁法主要用于研究磁性岩体和地质构造（包括各种磁性断裂带、破碎带、接触带等）。

由于存在居里面，航磁异常只反映 20km 以上中、上地壳的岩石物性特征。因此，航磁异常对地壳深度的反映要比重力异常浅一些。航磁异常和区域构造的关系与重力异常相似，航磁异常在隆起、拗陷，以及隆起、拗陷之间的过渡带上都有明显的特征。一般认为零值线的位置与异常等值线密集带（或称陡变带）的走向和构造边缘的边界或深断裂有关。

拗陷所反映的航磁异常特征是，异常轴向多呈线型，并沿一定方向延展，呈线分布，往往不是一条，而是多条，形成轴向条带。它们的走向接近平行，或呈雁行排列。它们所占面积相当大，长度可达几千千米，宽度几百千米不等，有时一条线型轴向的规模都相当大，可达数百千米。

隆起所反映的航磁异常特征是，异常轴向的方向呈多样性。其中有交叉型的轴向，有曲线型的轴向，形成了比较复杂的图像。这可能与多次造山旋回有关，每一次都在基底上打了强烈的烙印，断块的差异运动相当强烈。在隆起和拗陷之间的过渡带上，航磁异常在其两侧，轴向方向和形态都有明显的差异。

# 四、隐伏断裂构造

## （一）区域重力推断断裂构造

推断断裂构造位置主要依据布格重力异常特征、各种重力异常处理转换结果及定量反演结果，结合其他物探、地质等资料确定。

依据异常梯级带划分：断裂构造在布格重力异常图上表现为梯级带，在布格重力异常水平方向一阶导数图上表现为极值，在布格重力异常垂向导数图上表现为零值线。断裂构造位置用布格重力异常垂向导数的零值线、水平方向导数的极值点确定。

依据异常场分区界线划分：当布格重力异常中存在异常场的形态、幅值、走向变化时，可能为断裂构造控制的重力异常分区界线，断裂位置参考剩余重力异常、水平方向导数确定。

依据线状异常带划分：反映断裂构造的线状异常带一般为狭长的线性重力异常带，通常是较大断裂或断裂破碎带的反映。

依据异常错动与扭曲划分：在重力异常等值线发生错动或扭曲的位置，往往推断为断裂构造，但也需要结合地质资料认识并确定断裂构造。

依据异常突变带划分：重力异常的突然变化可能是断裂构造的反映。

依据串珠状异常划分：反映断裂构造的串珠状异常一般为狭长的串珠状重力异常带，往往是较大断裂或断裂破碎带的反映。

## （二）区域航磁推断断裂构造

推断断裂构造的磁异常特征有正异常带、负异常、磁场交变带等，主要依据异常等值线密集带、水平一阶导数的极值等，并结合其他物探、地质等资料确定。

狭长正异常带：包括单个异常形成的异常带、多个异常断续排列组成的异常带及多个异常组成的雁行状排列的异常带等。该类型的异常带主要是由沿断裂侵入的磁性岩石造成的。深大断裂一般有正异常带或羽状排列的异常带的表征。岩浆岩灌入往往表现为带状高异常带和串珠状异常带，火山喷发则表现杂乱，正负波动很大。

狭长负异常：往往是磁性岩石在受挤压后，破碎、磁性减弱后造成的。

不同类型磁场交变带：不同构造单元上的地质情况不同，在磁场上也必然显示出明显的特征。两种截然不同的磁场界限通常是断裂存在的表现。

多个异常共同错动带、突变带：共同错动带是指各个异常沿此线有水平位移的现象；共同突变带是指各个异常沿此线有突然变低缓的现象。上述现象是水平位移或垂直升降的断裂错断了磁性岩层而形成的。

依据异常等值线密集带划分：异常等值线密集带是确定断裂的主要依据之一。在基底块断作用较强烈的地区，往往以垂直运动为主，使基底造成很大的落差，垂向断距很大，在磁场上必然显示出异常等值线的密集带。

依据水平一阶导数的极值划分：求得的水平一阶导数的极大值或极小值位置可以判断为断裂位置。由于地质情况的复杂多变，利用磁法标志判断断层也不能仅拘泥于等值线的表面特征，还需要结合地质分析研究异常特征和分布规律。

重力场和地磁场都是位场，因此在数据处理方面的原理是相通的，异常特征也是相似的。将两种方法相互配合解释，可减少多解性，增加可信度，效果将更加明显。

## （三）隐伏断裂地球物理勘查

除了深部地震勘查之外，可控源音频大地电磁法在探测覆盖区深部隐伏断裂构造方面效果也很好，尤其在寻找含水裂隙或断层应用方面十分有效，对于探测重要的深部基底构造走向，可采用区域地球物理资料分析与可控源音频大地电磁法共同控制。

活动构造由于形成时代较新，层位浅，因而适宜用浅层分辨率高的物探方法，如浅层地震法。

### 1. 可控源音频大地电磁法

对于深部的断裂构造的识别，可控源音频大地电磁法是十分有效的勘探手段。不同地层、断裂构造之间的视电阻率差异是进行可控源音频大地电磁法勘探的物性前提。

可控源音频大地电磁法是由人工控制的场源做频率测深，采用人工场源可以克服天然场源信号微弱的缺点，其优点是勘查深度大，抗干扰能力强，工作效率较高，受地形影响小。可控源音频大地电磁法测深的勘探深度为 0.01 ~ 3km，这取决于地下电阻率、信号频率、收发距等因素。

可控源音频大地电磁法作为普通电阻率法和激发极化法的补充，可以解决深层的地质问题，如在寻找隐伏金属矿、油气构造勘查、推覆体或火山岩下找煤、地热勘查和水文工程地质勘查等方面，均取得了良好的地质效果。

**2. 浅层地震剖面法**

利用地下介质弹性和密度的差异，通过观测和分析大地对人工激发地震波的响应，推断地下岩层的性质和形态的地球物理勘探方法叫作地震勘探。其中浅层地震勘查是调查第四纪地层结构、空间变化、基岩面起伏、断裂构造等的有效方法。浅层地震勘查的主要任务为揭露钻孔间的松散沉积物地层特征，强化钻孔联合剖面的地层对比；探索隐伏断层性质，探讨断层构造活动特征；等等。

## 五、主要构造界面调查

长三角平原区填图工作中很重要的一项任务就是调查剥去新近纪地层后的基岩面埋深起伏特征，浅地震勘查与重力剖面联合反演对基岩面起伏状况反映效果良好。

**1. 浅层地震反射波法、高密度电法**

长三角平原区第四纪地层与基岩之间及第四纪地层内部砂层与黏土之间都存在较强的地震波反射界面和较大的电性差异，完全具备地震勘探和电法勘探的地球物理前提，因此，利用高分辨率浅层地震反射波法、高密度电法进行试点区基岩面埋深勘探任务尤为有效。

**2. 重力剖面联合反演方法**

根据收集到的地震勘探资料，结合重力资料进行剖面反演，并利用钻孔资料进行约束，也可以研究基底界面起伏特征。

# 第五章 综合研究与成果出版

## 第一节 填图总结报告

总结报告包括以下内容：

（1）项目目标任务、研究区自然地理与社会经济概况、以往地质工作评述、完成的主要工作量及质量评述、取得的主要成果与认识等。

（2）前新近纪地质。包括区域地球物理场特征、各地质时期地层、岩浆岩特征、基岩构造特征、沉积构造演化（主要依据收集钻孔资料、物探资料、施工浅地震资料进行分析）。

（3）新近纪与第四纪地质。主要包括以下几个方面：①松散层地层划分方案，分析梳理测区第四纪及新近纪地层的划分沿革，结合最新的年代测试结果修订划分方案。②新近纪地层，主要依据收集相邻区域的钻孔资料，同时结合工作中揭露的新近纪地层进行分析。③第四纪地层，依据施工的标准孔、控制孔的沉积特征、测试分析资料进行第四系地层研究；依据路线地质调查、基坑剖面测制分析、遥感详细解译进行浅表（全新世中－晚期）地质过程与地貌演化研究。④不同时期地层分析内容，各时期地层（主要为第四纪地层）论述具体包括年代地层特征（依据磁性地层与绝对测年）、气候地层（依据孢粉及地球化学分析）、生物地层（依据微体古生物分析）、岩石地层（利用比较岩石地层学方法建立的各地层单元的岩性组合特征），还包括黏土矿物特征、重矿物学特征。⑤区域松散层物性结构特征，依据物探测井与区域物性资料、地球物理勘查剖面进行总结。⑥沉积相类型、测区岩相剖面体系与岩相古地理演化，松散层沉积相（岩相）类型的描述与鉴别标志，第四系岩相剖面体系构建与岩相古地理演化过程分析，结合不同地层单元中重矿物数据、地球化学数据与现代沉积物中的测试数据对比，分析不同水系、不同流域沉积环境协同演化特征。

（4）新构造与区域地壳稳定性。包括区域地震地质背景与构造应力场（依据收集地震记录、地球物理资料分析），主要活动断层分析（依据钻探地质剖面和准确系统的地质测年进行分析），地震与活动断层、地热分布的关系（收集资料分析），地壳稳定性评价（结合上述分析综合评价）。

（5）地质环境与国土资源。分析一些重点区（主要城镇分布区、重大工程地址等）

工程地质特征与分区、工程建设适宜性、浅部地层结构与工程地质的关系，第四系结构与地下水资源、地质环境问题的关系，区内主要矿产资源，等等。

（6）空间数据库建设与三维地质结构模型构建。

（7）结论与建议。

# 第二节　图件整理及测试数据分析

## 一、图件整理

传统的基岩区区域地质调查中仅需要编制地质图，它是具体反映地表及一定深度客观存在的地质体的性质、展布、相互关系的图件，还包括地质体的形成条件及其发展演化等认识性的成果。长三角平原区中客观地质体为不同岩性（或不同环境沉积）的松散沉积物，它们形成的地质时间短，小范围内岩性（岩相）差异大，在空间上为侧向及垂向叠置，其界线多埋于地下且难以追索，这与基岩区客观地质体完全不同，因而长三角平原区地质图中难以在平面上表现松散层的地层分布与接触关系，需要增加钻孔联合剖面图、岩相古地理图等系列图件来辅助阐明松散层时空分布特征；同时需要另外编制基岩地质图，增加老地层的认识程度。

上述系列图件是文字报告更精炼、直观的表现，也是长三角平原区区域地质调查研究主要的成果综合表现形式，现就各类图件的编制内容及其编制原则分述如下。

### （一）地质图勾绘

通常一幅标准分幅的区域地质图由图框内及图框外两个部分组成，图框内为区域地层分布及其接触关系的平面展示，为主图；图框外为综合柱状图、图例、图切剖面、角图等补充说明性内容，为辅助的图系。

**1. 主图的编制**

在长三角平原区，主图中主要表现地表沉积物的分布差异，是遥感解译与槽型钻揭露调查成果的综合体现。填图单元由岩相（成因类型）确定；地质界线包括岩性、岩相界线两类；填充花纹突出主要沉积物组分，填充颜色按照《地质图用色标准及用色原则》（DZ/T 0179—2015）合理选取。

为丰富主图的地质内容，可将部分资料丰富的钻孔层序柱状图放置于主图中，包括单孔地层单位划分、层序（沉积组分）变化等地质信息，一定程度展示深部松散层的结构。层序柱状图纵向比例尺根据钻孔深度以美观为原则合理设置，用色以氧化色色系与还原色色系为主（图5-1）。

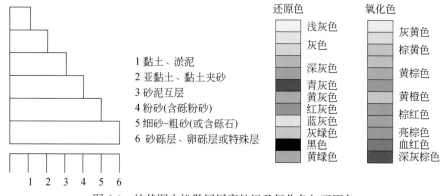

图 5-1　柱状图中松散层层序粒级及氧化色与还原色

**2. 辅助图系编制**

1）综合柱状图

（1）编制基本原则：综合柱状图是根据图幅内有详细描述及测试资料的钻孔综合确定的，反映图幅内松散层中划分的各填图单元之间的时序特征及纵向叠置关系，以及某些填图单元之间的侧向相变特征。

图中表达的内容应突出填图单元的基本特征（主要的划分标志），具体内容视松散沉积物的岩性类型而定，填充颜色在氧化色色系与还原色色系中选取。

（2）综合柱状图的格式：填图单元以岩石地层单位为主，其综合柱状图一般表现地层多重划分的对比内容，其表头结构如图 5-2 所示。

| 地质年代 | | 岩石地层 | | 代号 | 层底埋深 | 柱状图 1：2000 | 岩性特征 | 沉积相 | 自然伽马 | 古地磁曲线 | 古地磁极性柱 | 孢粉组合 | 微体古生物组合 |
|---|---|---|---|---|---|---|---|---|---|---|---|---|---|
| 纪 | 世 | 组 | 段 | | | | | | | | | | |

图 5-2　柱状图表头结构

2）图切剖面编制与要求

（1）图切剖面为图幅内的钻孔联合剖面，一般以 1～3 条为宜。剖面线尽量贯穿有测试资料钻孔及描述详细的钻孔，测试资料钻孔控制地层划分，详细岩性描述的钻孔控制岩相划分，第二条剖面线尽量选择垂直第一条剖面线方向。

（2）剖面线中钻孔"从西向东、从北向南"布置，图切剖面置于地质图图廓下方，剖面横向比例尺与地质图相同，纵向比例尺的确定以清晰展示分层标志层为原则，兼顾美观，钻孔位置需标注钻孔号及钻孔线、钻孔深度值。

（3）剖面中地质界线主要为岩性（岩相）界线、地层界线，当地层界线与岩性（岩相）界线重合时，表示为地层界线；岩性（岩相）单元内用花纹表示，突出主要松散沉积物组分和组分组合，各层岩性花纹与综合柱状图及主图中各对应层的岩性花纹一致，填充颜色与综合柱状图、主图中层序柱状图不一致，此处填充颜色应反映岩相由陆至海的变化，推荐用褐色→黄色→蓝色的色序表示。

3）图例编绘

在图廓右侧放置图例，凡主图与辅助图系中所表示的地质内容（含花纹、符号）均应有图例，与图中完全吻合。按照《区域地质图图例》（GB/T 958—2015）编制，标准中对第四系涉及内容较少，可在该标准规定的原则范围内，根据实际情况设计新的花纹、符号。

图例编排顺序自上而下为填图单元符号→成因（沉积相）符号→松散层岩性花纹→其他地质符号。填图单元符号按照由新到老的顺序排列；成因（沉积相）符号依据由陆至海的顺序排列；松散沉积物岩性花纹根据粒度由细至粗（泥→砂→砾石）排列；其他地质符号主要包括地层界线、岩相（岩性）界线。

4）角图

角图放置于综合柱状图之下，或图例的下方，可以为各重要时段的岩相古地理图、图幅地理位置图（便于图幅成果的推广应用）或地层三维结构图，以反映客观地质体为主，尽量避免争议。

（二）钻孔联合剖面图（岩相横剖面）

钻孔联合剖面是沿剖面线展示测区松散沉积物结构特征的成果图件。剖面纵向上由钻孔资料控制，横向上结合测井与浅地震时间剖面对松散层结构的分析，同时运用长三角平原区沉积演化规律指导地层划分与岩性（岩相）划分，既有客观基础资料的呈现，又含有理论分析的成果，是一个综合性图件。

具体编图方法是以地层单位的顶面为水平线，并用直线连接各个钻孔柱状剖面；划分等时相段和岩段，勾绘环境（岩相）界线。基本要求如下：

（1）剖面中至少包含1个有丰富测试资料的钻孔，满足等时相段的划分需要，有多个（大于1个）岩性描述详细的钻孔资料，满足岩相划分的需要。

（2）剖面横向比例尺为1∶10万，其余要求与图切剖面的要求一致，剖面图例与地质图图例系统尽量一致，可适当添加标志层（特殊层）的图例。

（三）岩相古地理图

传统的基岩区岩相古地理图编制实际上为单独立项的系统地质工作，包括需要编制沉积相柱状剖面图、岩相横剖面图、地层厚度等值线图、岩性图、古生物分布图等系列基础图件，而后综合成为岩相古地理图。

长三角平原区松散层岩相古地理图的编制是在查明松散沉积物层序、岩相结构的基础上，结合年代地层的划分、钻孔联合剖面图（岩相横剖面图）建立区域沉积演化体系后制作的系列图件，为理论性、综合性和实用性很强的基础成果图件。

**1. 编图方法**

长三角平原区松散层岩相古地理图编制沿用基岩区的古地理编制方法。主要包括地层图法、优势相法、等时面法。

（1）地层图法：就是以一定时间地层单位为成图单元（如纪、世、期时间所限定的系、统、阶或组），通过典型相标志逐个识别单孔沉积相剖面，把剖面柱压缩为一个点并统计（如把一个由多种岩性组成的剖面，综合为一种岩相类型），把一个四维的图形（即三维空间加时间）压缩成平面图形；再利用岩相横剖面图的相界线位置，推测平面分布；利用地层埋深等值线，分析物源方向，利用古生物特征勾绘海陆界线，综合分析成图。

（2）优势相法：以各种定性与定量的、反映某个时期或阶段沉积环境特点的单因素资料为基础，以确定沉积相关键指标为主，确定某个阶段占优势的主导沉积相，如先利用泥层／砂层值进行统计，确定河道相的分布范围。

（3）等时面法：选定一个等时面标志层，然后作该标志层顶面（或底面）的瞬时岩相古地理图，是目前比较流行的编图方法，但有时需要作图的地层单元没有等时面标志（如火山岩夹层、化石层、古土壤层、最大海侵层）。

**2. 图面要求及内容**

松散层岩相古地理图编制比例尺为 1 ： 10 万，图面主要为岩相、古流向、特征古生物等的地质内容，此外还要叠加编图全时段地层埋深等值线图。其中各岩相花纹、填充颜色与图切剖面的要求一致；岩相界线由黑色实线勾绘，与钻孔联合剖面图（岩相横剖面图）中同时期岩相界线所处位置大致相同。古流向、特征古生物等图面点、线类地质信息均按照《区域地质图图例》（GB/T 958—2015）编制。

（四）基岩地质图

长三角平原区的基岩地质图是在分析前人研究成果的基础上，综合基岩钻孔资料、物探重磁异常解译（部分浅地震解译）成果等认识重新编制的综合性成果图件。

长三角平原区基岩地质图的成图比例尺一般选择为 1 ： 10 万，小于地质图成图比例尺，主要是因为基岩地质图大部分内容为推测，而且图面要素相对简单。其编图方法为根据基岩钻孔确定基岩岩石地层单位，根据物探解译推断地层接触关系，图面按照传统的基岩区 1 ： 50000 区域地质图进行布置，增加浅地震勘探成果图、基岩面埋深起伏特征图等作为角图；在有深部地震剖面资料的情况下，可以增加物探反演的图切基岩地层剖面。

（五）地球物理勘查相关图件

在进行地球物理资料分析及地球物理勘探工作时，通过各种资料处理、综合解释，得到很多图件，那么有必要在长三角平原区填图方法总结中将地球物理的各种图件进行整理归纳，主要图件如下：

（1）重力、磁法原始平面图。

（2）重力、磁法数据处理平面图。

（3）重磁综合解释图。

（4）综合反演剖面解释图。

（5）地震勘探剖面解释图。

（6）电法剖面、平面解释图件。

## 二、测试数据综合分析

对获取的测试数据进行综合的分析和研究，通过古地磁、AMS $^{14}$C、光释光建立测区的年代框架，结合粒度、孢粉、微体古生物、地球化学、重矿物、黏土矿物综合判断沉积环境和气候变化，开展多重地层划分研究。

# 第三节　空间数据库完善及三维地质结构建模

## （一）空间数据库完善

空间数据库包括原始资料数据库与地质图空间数据库。原始资料包括野外地质填图资料、收集钻孔资料、施工钻孔资料、样品采样与分析资料等。其中，野外地质填图资料分为两类：一类为本次路线地质调查采集的浅表沉积物特征（槽型钻揭露）；另一类为第四系钻孔揭露的深部松散沉积物特征。路线地质调查资料按 1 ∶ 50000 图幅进行组织；第四系钻孔（本次施工）资料及相关测试分析成果按 1 ∶ 50000 图幅进行存储。

### 1. 野外地质填图资料

各 1 ∶ 50000 图幅的野外地质填图资料包括野外手图库、实际材料图库、采集日备份、背景图层。其中，野外手图库存储野外地质路线各类地质数据，以及各路线的 PRB 过程，是最重要的野外第一手原始资料数据库。单条野外手图路线库均由 Images（存储照片）、note（存储 XML 文档及 TXT 文本）、素描图（存储素描图）3 个文件夹及 10 个野外路线实体观测数据点线采集层和 ATTNOTE.WT（产状标注）、GPTNOTE.WT（地质点标注）、SAMNOTE.WT（样品编号标注）3 个标注图层以及野外设计地质路线（ROUTE.MPJ）和以路线编号为文件名的 2 个工程文件及地理背景图层等组成。图幅 PRB 库文件类型及文件名与野外手图库完全一致。实际材料图库继承 PRB 库野外路线实体观测数据点、线采集层及标注图层，同时自动生成 GEOLABEL.WT、GEOLINE.WL、GEOPOLY.WP 点、线、面 3 个文件分别代表地质标注、地质界线及地质面。采集日备份数据库存放掌上机野外路线采集数据，按路线备份，其数据未解压还原，是野外地质路线进一步室内整理的依据。背景图层存储地理底图数据，主要包括水系、交通、居民地、境界、地形等地理要素。样品数据库存储图幅不同类型样品，分为样品采集库、送样库和测试鉴定成果库三类，数据存放在 RgSample.mdb 数据库中。

数字区域地质填图系统运用了 PRB 过程数据流栈模型，数据流"栈"是野外路线观测所获得的各种数据，从 PRB 野外手图到 PRB 图幅库（野外总图），然后从 PRB 图幅库到 PRB 实际材料图、最后从 PRB 实际材料图到 PRB 编稿地质图流向的渠道。各个栈之间通过继承，实现了数据属性的扩展：可通过要素或对象类的扩展建立具体数据库，使得具体数据库的内容既有自己的特色，又可在主要内容上与基础数据模型保持一致，如图 5-3 所示。

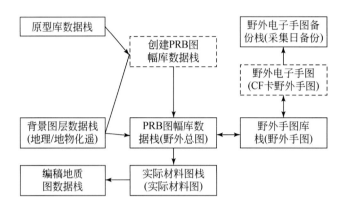

图 5-3 PRB 数字填图数据流栈

在 PRB 图幅库的基础上，分析野外地质调查成果，提取地质界线、属性继承、地质连图及拓扑重建等工作，使得实际材料图幅库继承了野外地质调查所得的地质信息，从而完成了 PRB 图幅库生成实际材料图幅库，进而完成编稿地质图的工作（图 5-4）。实际材料图和编稿地质图的数据实体见表 5-1。

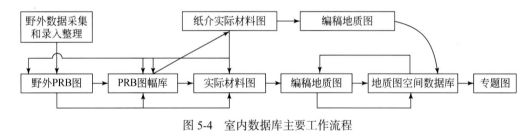

图 5-4 室内数据库主要工作流程

表 5-1 实际材料图、编稿地质图数据实体表

| 实体编码 | 实体名 | 空间属性 | 属性 |
| --- | --- | --- | --- |
| 地质界线 | Geoline | Arc | 顺序号，☆图幅编号，☆界限编号，右边地质体，左边地质体，☆界线类型，走向，倾向，倾角，接触关系，估计断距，断层期次和时代，断层岩类型，国标码，备注 |
| 地质（面）实体 | Geopoly | Polygon | 顺序号，☆图幅编号，☆地质实体编号，☆地层单位代号，填图单元代号，填图单元名称，分类编码，图示图例编号，国标码，备注 |
| 地质（线）实体 | Geolable | Point | 顺序号，☆点编号，☆点类型代码，点名称，图示图例编号，国标码，备注 |
| 产状 | Attitude | Point | 同野外 PRB 过程 |

续表

| 实体编码 | 实体名 | 空间属性 | 属性 |
|---|---|---|---|
| 化石 | Fossil | Point | 同野外 PRB 过程 |
| 样品 | Sample | Point | 同野外 PRB 过程 |
| 素描 | Sketch | Point | 同野外 PRB 过程 |
| 照片 | Photo | Point | 同野外 PRB 过程 |

注：☆为主码。其中地质点 Point，分段路线 Routing，点和点间界限 Boundary 还有结构化文件，分别以地质点号与 P，R，B 组成文件名。

### 2. 地质图空间数据库

涉及的地质图空间数据库要素、对象分类、描述要素、对象的内容、要素、对象的关系和外挂表描述见表 5-2。

**表 5-2　地质图空间数据库要素、对象分类及其关系和外挂表描述**

| 序号 | 所属数据集 | 实体名称 | 要素与对象编码 | 空间数据类型 | 与其他实体的关系 | 主关键字名称 | 子关键字名称 | 注释要素类编码 |
|---|---|---|---|---|---|---|---|---|
| 1 | 基本要素数据集 | 地质体面实体 | _GeoPolygon | Area | _GeoLine | 要素标识号、地质体面实体类型代码 | | _GeoPolygon@_GeoPolygon.Xml |
| 2 | 基本要素数据集 | 地质（界）线 | _GeoLine | Line | _GeoPolygon | 要素标识号、地质界线（接触）代码 | | _GeoLine@_GeoLine.Xml |
| 3 | 基本要素数据集 | 样品 | _Sample | Point | | 要素标识号、样品类型代码 | | _Sample@_Sample.Xml |
| 4 | 基本要素数据集 | 摄像（照片） | _Photograph | Point | | 要素标识号、照片编号 | | _Photograph@_Photograph.Xml |
| 5 | 基本要素数据集 | 素描 | _Sketch | Point | | 要素标识号、素描编号 | | _Sketch@_Sketch.Xml |
| 6 | 基本要素数据集 | 钻孔 | _Drillhole | Point | | 要素标识号、钻孔编号 | | _Drillhole@_Drillhole.Xml |
| 7 | 基本要素数据集 | 泉 | _Spring | Point | | 要素标识号、泉类型代码 | | _Spring@_Spring.Xml |
| 8 | 基本要素数据集 | 河、湖、海、水库岸线 | _Line_Geography | Line | _GeoPolygon | 要素标识号、图元类型代码 | | _Line_Geography@_Line_Geography.Xml |

续表

| 序号 | 所属数据集 | 实体名称 | 要素与对象编码 | 空间数据类型 | 与其他实体的关系 | 主关键字名称 | 子关键字名称 | 注释要素类编码 |
|---|---|---|---|---|---|---|---|---|
| 9 | 综合要素数据集 | 标准图框（内图框） | _Map_Frame | Line | | 图幅代号 | | _Map_Frame@ |
| 10 | 对象数据集 | 面状水域与沼泽 | _Water_Region | Object | _GeoPolygon | 要素分类代码 | | _Water_Region.Xml |
| 11 | 对象数据集 | 图幅基本信息 | _Sheet_Mapinfo | Object | _Map_Frame | 地形图编号 | | _Sheet_Mapinfo.Xml |
| 12 | 独立要素数据集 | 接图表 | Map_Sheet | Line Point | | | | |
| 13 | 独立要素数据集 | 图例 | Legend_Line | Line Point Area | | | | |
| 14 | 独立要素数据集 | 综合柱状图 | Columnar_Section | Line Area Point | | | | |
| 15 | 独立要素数据集 | 图切剖图 | Cutting_Profile_Line | Line Area Point | | | | |
| 16 | 独立要素数据集 | 责任表 | Duty_Table_Line | Line Point | | | | |

## （二）三维地质建模

### 1. 浅表沉积物三维属性模型构建

由于浅表信息更易获取，地质点的部署能达到 2km × 1.5km 的精度，使建立高精度的浅表三维地质模型成为可能。基于槽型钻浅表填图成果，提取每个槽型钻的 $X$ 坐标、$Y$ 坐标、分层深度、粒度，生成三维空间粒度点，在此基础上选择合适的插值方法，生成粒度三维属性模型，进而生成栅栏图及不同深度的粒度分布图。

1）沉积物粒度三维属性模型生成原理

离散光滑插值（discrete smooth interplolation，DSI）用一系列具有空间实体几何和物理特性、相互连接的空间坐标点来模拟地质体，已知节点和地质学中的空间信息被转化为线性约束，引入模型生成的全过程中（图 5-5）。此外，DSI 算法还具有可自由选择和自动调整格网模型、实时交互操作、能够处理一些不确定的数据等优点，因此，DSI 算法非常适用于地质领域的建模。

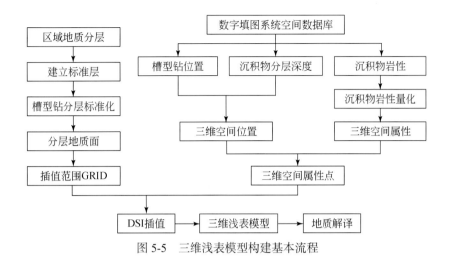

图 5-5　三维浅表模型构建基本流程

2）粒度三维属性模型生成基本流程

在数字填图系统中，提取每个槽型钻的空间位置、沉积物分层深度及分层粒度等属性，作为原始的三维空间属性点，即插值属性控制点，以槽型钻的二维展布及 3m 深度作为属性模型插值范围，生成三维 voxel 模型，基于 DSI 算法，生成三维属性模型。

**2. 第四纪以来松散层三维模型构建**

第四纪以来松散层三维模型构建的主要数据源是第四纪地质钻探资料，根据三维地质模型表达内容的不同，将第四纪地质三维模型分为第四纪地层岩性模型、第四纪地层实体模型及第四纪岩相模型。

第四纪地层岩性模型的主要目的是揭示岩性的三维空间分布。基于对钻孔岩性的原始描述，采用合适的三维属性插值方法，建立三维第四纪地层岩性模型。

第四纪地层实体模型主要表达的是不同时期地层界面的起伏及地层厚度的空间变化。基于第四纪地层划分对比研究，将各第四纪地质钻探按照第四纪地层划分方案进行分层，必要时，在地层界面起伏较大区域，可添加虚拟钻孔，采用合适的插值方法，模拟各地层界面的起伏，最终与模型边界，共同形成第四纪地层实体模型。

第四纪岩相模型主要用以揭示不同沉积相的空间展布，可直观表达不同地质时期沉积古地理的特征。首先对所有岩相按照海相＞陆相的顺序，将岩相排序，赋予代号，在第四纪地质钻孔联合剖面的基础上，对每个钻孔进行岩相特征的分层，即对每个钻孔进行岩相标准化，最后采用合适的三维属性插值方法，建立第四纪岩相模型。

**3. 基底界面三维起伏模型**

长三角平原区由于基底埋深较大，直接揭露基底埋深的钻孔数量有限，因此，基底的三维模型构建以区域地球物理资料解译为主，相对于浅表和第四系，其建模精度更低。对于基底垂向上的构造分层特征是在分析深部岩石地层密度参数的基础上，结合地震勘查获取的地质界面顶、底特征，建立重力－地震联合反演剖面初始模型，结合钻孔揭露、以往资料及地球物理测井，对初始模型中界面的分布位置及埋深加以修正，再通过测井测量的物性数据进行人机交互计算，获取剖面反演图，解释深部重大地质界面的位置及埋深。

（三）长三角平原区填图成果的应用

在平原区填图成果的应用方面，前人做了很多尝试，如胥勤勉等（2014）围绕渤海湾北岸生态文明建设遇到的主要地质问题，结合区调工作分析了平原区 1 ： 50000 区域地质调查在解决这些地质问题中所能起的作用，并指出平原区 1 ： 50000 区域地质调查能够为区域经济和地方政府在管理决策、环境治理、灾害防治等方面提供基础地质资料。通过本次试点工作，尝试从不同深度层次的填图成果出发，探索长三角平原区各层次成果的推广应用。

0 ～ 4m 的浅层地质结构客观表达了包气带岩土结构分布，对浅表天然地基（民房建设）、浅层排水能力及防污性能评价、小型工厂选址中的生态环境影响等方面都具有很重要的作用。如对浅层岩性三维空间分布特征的建模，反映了不同岩性，如黏土、粉砂等的三维空间位置，成果表达更直观，且在每个空间位置上均有岩性属性信息，直接应用于岩性渗透系数、防污性能的研究，成果对于当前海绵城市的建设具有重要的地质意义。

第四纪以来松散层岩性层空间结构模型应用领域更为广泛，可以在重大工程选址论证、地下空间开发利用适宜性、地面沉降地质背景分析、应急水源地建设论证等方面发挥作用，砂层的空间分布可以直接展示区域含水层的空间展布，黏土层的空间分布为区域工程地质条件分析提供最直接的依据，综合岩性、含水层可以客观评价区域浅层地热能的赋存状况与开发利用条件，为浅层地热能的合理利用提供科学支撑。

推断的地质构造及深部构造层空间展布对深部地热找矿具有指导性意义，如前述推断的基底结构和地质界面的特征，可提供三方面的指向性作用：一是提供热储条件比较好的新近纪、古近纪、古生代地层的空间深度位置；二是指出主要控水构造分布状况，如泰州 - 安丰断裂、长新 - 姜堰断裂、溱潼 - 沈灶断裂等；三是在隆起与凹陷之间确立了本区几种高热流构造位置，分别是盆地中的凸起、凹陷外斜坡带、凹陷边缘断阶带、隆起区边缘、隆起区隐伏背斜等。

# 第六章　填图精度与工作量合理性分析评价

## 第一节　地 质 填 图

### 一、地表地质调查

对一个图幅新开展野外填图工作时，应该先开展剖面测制及 3～4 条路线的试填图工作，线距 6km 左右均匀覆盖全区，点距 2km 以内，孔深尽量大于 4m，对全区岩性及地质展布进行初步认识，再合理布置工作量，全面开展填图工作。

地质点的控制密度，应由图面主要地质体大小来决定，野外地质点的密度应控制在 2km（间距小于直径的 1/3）以内，这样既能控制住界线，也能反映地质体内部的变化。在野外实际填图中，如果发现岩性变化界线或关键层位，可适当将地质点密度加密到 1km，如果岩性变化不大，可适当将间距加大到 3～4km。

槽型钻钻进深度，应以试填图阶段整理地质体的实际分层情况来决定，最终目的是划分并控制关键层位，达到相应的目的。

勾图应该及时：野外填图的同时，出现岩性变化应及时在手图中勾绘。野外填图人员应经常沟通，及时撰写路线小结，总结岩性变化规律。

### 二、基岩地质调查

基岩地质调查在长三角平原区 1∶50000 填图工作中同等重要，其工作目的一般是了解基岩面埋深与起伏变化，隐伏基岩的地层、岩石、构造特征。工作方法主要是收集前人工作资料，结合区域地球物理资料进行综合分析和推断，编制比例尺为 1∶10 万的基岩地质图。

另外，在综合整理分析资料的基础上，对与区域经济发展紧密相关的重要地质问题（如活动性断层分布、关键基础地质问题等）的分布地段，需安排针对性的地质工作，如浅层地震剖面、电法剖面、钻探揭露工程等，研究区域内重大的地质环境问题。

## 第二节　填图人员组成建议

**1. 人员队伍**

长三角平原区 1 ： 50000 填图项目人员组成（以五幅联测为例）如下：

资料收集、整理：项目负责、各专业人员各 1 人；

野外填图人员：三组，每组两人，共 6 人；

钻孔编录与采样人员：两组，每组两人，共 4 人；

物探施工：3 人；

物探资料室内处理：2 人；

区域地球物理资料室内解译：1 人；

遥感解译：1 人；

数据库建设与三维模型构建：5 人；

财务审计：1 人；

设计、总结报告编写：项目负责、各专业人员各 1 人。

**2. 专业构成**

长三角平原区填图工作涉及多学科的专业知识，参加人员需要有从事区调项目的经历，野外工作经验丰富，年龄、专业搭配合理，专业主要包括第四纪地质、构造地质、环境地质、地球物理、地球化学、遥感、地理信息系统等专业。

## 第三节　填图经费投入估算

基本工作量，主要包括地质测量、遥感解译、地球物理勘查、钻探施工、样品测试等。每幅图的实物工作量设计如下：

遥感解译：$440km^2$；

面积性地表填图：$440km^2$；

浅层地震勘查：20km；

第四纪钻探：2400m；

综合地球物理测井：2400m。

工作量设计依据：浅层地震勘查按每幅图垂直主要构造线方向设计一条，对图幅内构造格架、松散层的总体展布进行有效的控制；第四纪钻探按 2 个 /$100km^2$ 设计，每幅图最少施工 8 个揭穿第四系底界的钻孔（最少一个为系统采集各类测试样品的第四纪研究标准孔，暂以第四系底界埋深 280m 左右计算），结合浅地震剖面至少构建图幅内"二横二纵"

的综合性松散层地质结构剖面；所有钻孔均进行地球物理综合测井，测井参数包括视电阻率、放射性测井（自然伽马）、电化学、井径、井斜、井温、波速、密度等。

不同填图技术方法费用组成情况见表 6-1。

**表 6-1　长三角平原区 1 ： 50000 填图经费投入估算（按工作方法分）**

| 工作方法名称 | 预算 / 万元 | 占总预算的比例 /% |
|---|---|---|
| 二、地质测量 | 36.608 | 8.10 |
| 三、地球物理勘查 | 121.86 | 26.96 |
| 五、遥感解译 | 3.96 | 0.88 |
| 六、钻探 | 134.4 | 29.73 |
| 十、岩矿测试 | 51.3024 | 11.35 |
| 十一、其他地质工作 | 84.092 | 18.61 |
| 十二、工地建筑 | 5.956 | 1.32 |
| 十三、设备购置 | 13.8 | 3.05 |
| 合计 | 451.9784 | 100.00 |

有效技术方法经费情况，建议长三角平原区 1 ： 50000 区域地质调查工作平均到每个图幅的费用为 451.9784 万元，具体如下：地质测量 36.608 万元、地球物理勘查 121.86 万元、遥感解译 3.96 万元、钻探 134.4 万元、岩矿测试 51.3024 万元（面积性填图 + 第四纪钻探费用的 30% 计算）、其他 103.848 万元。

# 第二部分　江苏 1：50000 港口、泰县、张甸公社、泰兴县、生祠堂镇幅平原区填图实践

# 第七章 项目概况

## 第一节 长三角区域地质特征

### 一、自然地理特征

长江发源于青藏高原，源远流长，全长超过 6300km，横穿青海、西藏、江苏、上海等九个省（自治区、直辖市），是中国最大和世界第三大河。其流域面积为 196 万 $km^2$，年径流量和年输沙量分别为 921$km^3$/a 和 4.8 亿 t/a。全新世以来，中上游的大量沉积物在长江河口地区堆积形成长江三角洲。长三角总面积约为 5.2 万 $km^2$，包括 2.3 万 $km^2$ 的三角洲平原和 2.9 万 $km^2$ 的水下三角洲。

长三角平原区地势平坦，原始坡降约万分之一，总趋势自西向东微微倾斜。长三角平原区的高程一般在 5m 以内，但是在顶部区域海拔相对较高，为 5～10m。长三角地区南部平原以太湖为中心，形成微起伏的湖沼平原，平原东南部淀山湖和阳澄湖一带地势低洼，海拔为 2～3m，排水不畅。西部包括宁镇山脉东缘部分、茅山山脉、宜溧山地等，周边山区地形起伏，海拔约 400m（吴标云和李从先，1987）。

长江流入东海，受潮汐的影响，在河口地区平均潮差约为 2.7m，最大潮差约为 4.6m。潮汐的动力作用所能影响的平均范围从河口上溯 210km，可达江阴，枯水季节甚至到达扬中。落潮流与河流方向一致，因此河口地区落潮历时大于涨潮历时，落潮流速大于涨潮流速。受地转偏向力作用的影响，涨落潮流的流槽发生分异，涨潮时主流偏南，落潮时主流偏北，对河道的演变和沙体的形成和分布具有重要影响（吴标云和李从先，1987）。

长三角地区位于亚热带气候区，气候主要受东亚季风控制。冬季受蒙古高压影响，气候干冷。最冷月平均温度约 2.0℃，盛行西北风；在夏季主要受到副热带高压系统的影响表现为温暖湿润的气候。最热月平均温度达到 28.9℃，盛行东南风。年均温为 15.5℃，年均降水量约为 1100mm/a，约一半的降水发生在夏季（单树模等，1980）。

长三角地区的植被带为常绿落叶阔叶混交林，是落叶阔叶林与常绿阔叶林的过渡地带，以壳斗科的落叶和常绿树种为基本建群种。栎树广泛分布在长三角平原顶部及其附近的山地，其主要类型包括麻栎、栓皮栎、白栎、枹树、短柄枹树、槲栎、小叶栎等，其中麻栎、栓皮栎、白栎占绝大多数。另外，还有少量耐寒的常绿树种，如苦槠、青冈、女贞、石楠、枸橘、胡颓子、乌饭树等，这些常绿树在林内零星分布，居于乔木亚层及灌木层内。在现代植被中，在山地丘陵的上部有马尾松和黑松林分布。河漫滩湖沼地区多为沼生、水生草本植物，如眼子菜、芦苇、茭白、水烛、狭叶甜茅、苦草、水车前、狐尾藻、槐叶苹等。现代长三角平原区为水稻种植区（单树模等，1980）。

## 二、构造地质特征

长三角地处扬子陆块东段，北部为苏鲁造山带（图 7-1）。自元古宙以来，区域经历了复杂的构造运动，产生了丰富多样的构造样式。尤其燕山期以后属于西太平洋构造域之欧亚活动大陆边缘，且以燕山期火山活动较为强烈，是中国东部火山岩浆活动带的重要组成部分。

图 7-1　长三角地区区域构造位置图

长三角地区位于扬子陆块下扬子地块北东部，本区地质发展过程中经历了三个大的演化阶段。第一个阶段：在晋宁期以前，是扬子陆块形成阶段，晋宁运动最终形成了扬子陆块的褶皱基底。区内最古老的基底岩系——长城纪埤城岩群，见于东南部埤（城）-孟（河）地区的钻孔中，是一套绿片岩相-低角闪岩相变质岩，Sm-Nd 等时线年龄为 1401 ± 4Ma，其原岩以基性火山岩为主，形成于火山岛弧环境。第二个阶段：扬子陆块增生。这一阶段沉积地层主要为南华纪的磨拉石建造和冰碛岩，震旦纪至志留纪的广海碳酸盐岩和碎屑岩，泥盆纪至三叠纪的海相碳酸盐岩、碎屑岩、海陆交替相含煤岩系和陆相碎屑岩等，地层总厚度大于 7km，各地层之间均为整合或假整合接触。印支运动导致区内南华纪以来的沉积地层全面褶皱。第三个阶段：滨太平洋大陆边缘活动带阶段。自侏罗纪至新近纪，本区先后经历了前陆盆地、陆内走滑－拉张盆地、陆内拗陷盆地和陆内断陷盆地等小阶段。侏罗纪—早白垩世形成类磨拉石建造及大规模火山－侵入岩，晚白垩世为红色湖盆沉积，古近纪、新近纪以陆相碎屑岩建造为主，伴随玄武岩喷发，分布于断陷盆地中。三个大的发展阶段中，主要的构造运动旋回有晋宁旋回、印支－加里东旋回、燕山旋回和喜马拉雅旋回。相应地，本区上地壳岩石圈可划分为四个主要构造层，即晋宁构造层、印支－加里东构造层、燕山构造层和喜马拉雅构造层。多旋回构造运动造就了区内复杂的地质构造，前新近纪基岩地质构造显示北拗南隆格局。

　　多旋回构造运动造就了区内复杂的地质构造格局，北部为新生代拗陷区，即东台拗陷区，是苏北盆地南段，中生代盖层之上的一个新生代长期拗陷，普遍分布巨厚的古近纪地层。南部茅山－江阴隆起区为中生代至古近纪长期隆起区，普遍缺失古近纪地层，仅仅征西部有小范围的古近纪地层分布。印支－加里东构造层及燕山构造层皆分布于隆起区，在宁镇褶皱带则有大面积的出露，埠孟地区还见到了晋宁构造层。而在隆起区的凹陷中，主要分布晚燕山构造层，局部有古近纪地层分布（图7-2）。

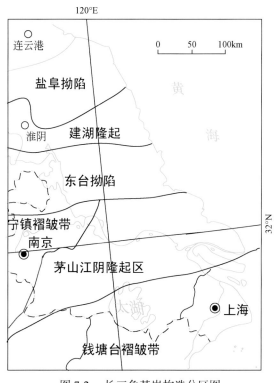

图7-2　长三角基岩构造分区图

　　区内印支期复式褶皱与燕山期沉积－火山盆地构成南部隆起区三个隆起的核心，隆起区内部的凹陷及北部的拗陷区为燕山晚期及喜马拉雅期拗陷、断陷盆地。区内断裂系统主要包括北东向、北西向、近东西向区域性断裂及与褶皱构造伴生的走向逆掩断裂等。上述隆凹构造及断裂系统构成了测区基本构造格架。

## 三、地貌

长三角的地貌格局，是长时期以来内外营力综合作用的结果。作为内营力的地壳运动所产生的构造格架是该地区地貌发育的基础，它控制了山丘、平原、海洋、陆地分布的轮廓；作为外营力的流水、风化、海洋等作用，对表层物质不断进行风化剥蚀、侵蚀、搬运和堆积，从而形成现在地表的各种形态。

长三角地貌格局的形成，主要奠定于中生代末的燕山运动，以后经历了各种构造运动和长期的剥蚀夷平作用。总体地势呈现南高北低，西高东低。大致以仪征—镇江—宜兴一线以西地区及江阴南部环太湖地区组成宁镇扬低山丘陵区，其他地区组成广泛的平原地貌。依据地表第四系组成物的变化及地表高程的差异，可将其细分为里下河湖沼积平原区、长三角冲积平原区、太湖湖沼积平原区、东部沿海平原区（图 7-3，表 7-1）。

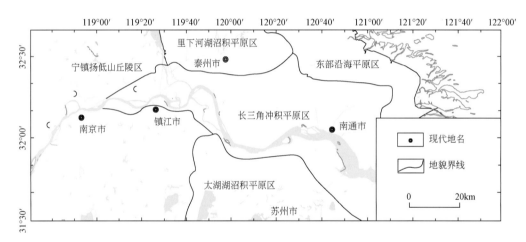

图 7-3　长三角地貌略图

表 7-1　长三角地区地貌类型划分表

| 成因类型 | 形态特征 | | 绝对高度 /m | 相对高度 /m |
| --- | --- | --- | --- | --- |
| 构造 - 剥蚀 | 低山、丘陵、残丘、孤峰、岗地等 | | ≥ 10 | ≥ 10 |
| 堆积 | 冲积平原 | 长三角冲积平原区 | 5 ～ 10 | 3 ～ 8 |
| | | 太湖湖沼积平原区 | 2 ～ 8 | 1 ～ 5 |
| | | 东部沿海平原区 | 1 ～ 5 | 1 ～ 3 |
| | | 里下河湖沼积平原区 | 2 ～ 5 | 1 ～ 2 |

### 1. 宁镇扬低山丘陵区

该类型主要分布在江浦—南京—镇江—宜兴以南及环太湖地区，约占区内总面积的20%，受各期构造运动及新构造运动的控制，长期经受剥蚀作用，地貌类型多样，低山、丘陵、岗地、冲沟、平原和洼地交替分布。山丘高度多在 $200 \sim 400m$，主要有宁镇山脉、茅山等，在山麓地带，分布有散射状、对平原洼地呈明显倾斜的阶地，可见 $2 \sim 4$ 级，其标高位于 $10 \sim 50m$。

**2. 里下河湖沼积平原区**

该类型主要分布在扬州—泰州—海安一线以北地区，海拔 $2 \sim 5m$，相对高度为 $1 \sim 2m$，地面较平坦，由于后期地表面流的流水侵蚀作用，形成了一系列小河、湖荡、水塘，分布密度较高，水域面积达到 $30\% \sim 40\%$。组成物为全新世中晚期湖沼积、湖积的灰黄色粉砂质黏土、暗灰色淤泥、泥炭。在遥感图像上呈围绕水域的圆弧形状，边界规则、圆滑，水系发育，村庄分布较多，地势略高于周围，色调均一，为灰色、深灰色。

**3. 长三角冲积平原区**

该类型主要分布于仪征—扬州—泰州—海安一线以南、镇江—江阴—张家港—梅李—太仓一线以北，现今长江发育其中。绝对高度为 $2 \sim 5m$，一般为 $2 \sim 3m$，相对高度为 $1 \sim 2m$，地势平坦，水系发育，河流多呈由西向东方向展布，如长江、通扬运河等，少量南北向自然河流，如大运河贯穿本区西部，大多为后期人工改造。地表水由西向东排泄。组成物多为全新世如东组近代冲积物，岩性由西向东由粗变细，主要为灰色淤泥质含粉砂黏土、粉砂质黏土、黏土质粉砂、含黏土粉砂，局部夹炭化的植物根茎及淤泥，接近江边的含黏土粉砂中含管状芦苇根茎。植被主要为水稻、小麦等。

**4. 太湖湖沼积平原区**

该类型主要分布于太湖东岸地区，绝对高度为 $2 \sim 3m$，相对高度在 $1m$ 左右，地势平坦，微向长江倾斜，坡度为 $1° \sim 2°$，河流由西向北东展布，如吴淞江等，地表水由陆地向北东方向汇入长江排泄。组成物多为全新世如东组近代冲湖积物，岩性主要为灰色淤泥质含粉砂黏土、粉砂质黏土、黏土质粉砂、含黏土粉砂，局部夹炭化的植物根茎及淤泥，湖边含现代管状芦苇根茎。

**5. 东部沿海平原区**

该类型分布于长三角主体的东部沿海地带，主要分布于东台—南通一线以东地区，地势低平，海拔为 $2 \sim 4m$，相对高度 $1 \sim 3m$，河流发育，大多以东西向方向发育，纵横交错汇入大海，形成较明显的网格状水系，河流不但密集而且宽阔，呈带状分布，大多地表面接近水平面。地表为全新世如东组，发育灰、灰黄色粉砂质黏土、含黏土粉砂、粉砂，局部夹淤泥。

# 第二节　长三角第四纪地质概况

新近纪以来，受喜马拉雅运动的影响，中国东部盆地强烈沉降。长江贯通以后，携带了大量物质在河口地区迅速淤积，在河流、海洋、湖泊等的外营力作用下，沉积了几百米的河湖相地层，形成了长三角第四纪地层（范代读等，2006；王节涛等，2009；Zheng et al.，2013）。

长三角第四纪地层为一套疏松的碎屑沉积建造，分布广泛，具有沉积较连续、厚度大、成分复杂、相变频繁、成因类型复杂的特点。整个第四系是以砂层和泥层交替出现，而且具明显韵律式的沉积层理，反映出长江三角洲第四纪地层沉积特点是以河流搬运为主的三角洲沉积体系（于振江等，2004；舒强，2004；杨競红等，2006；黄湘通等，2008；缪卫东等，2008；舒强等，2008；张平等，2013）。沉积成因类型以冲积、冲海积、海积、海湾潟湖堆积、湖相沉积为主。受新构造运动的升降和海平面变动的影响，沉积厚度变化较大，自西向东逐渐递增，厚 20 ～ 340m。

长三角第四纪地层的发育受基底构造控制，第四纪期间发生多次冷暖气候旋回，长江水动力条件亦相继发生改变，海侵海退作用的叠加，致使长三角第四纪地层的形成因素更加复杂（黎兵等，2011）。在研究长三角地区第四纪地层沉积序列时，首先统一地层划分的原则和依据，从而和国内外第四纪地层进行对比。为此，必须根据地层岩性、古气候、海相层分布及古地磁、放射性测年等资料的综合分析，建立长三角第四纪地层层序和年代。

## 一、区域地质调查现状与工作程度

长三角地区的地质工作始于中华人民共和国成立前，但资料零星。中华人民共和国成立后，随着国家建设和发展的需要，各项地质工作迅速展开。地质、冶金、石油、煤炭、海洋等部门，以及科研院所开展了涉及基础地质、水工环地质、矿产地质、物探、遥感等方面的调查研究工作。

系统的地质调查研究始于 20 世纪 50 年代，江苏省地质局、华东石油地质勘探局、江苏省石油勘探指挥部等部门对本区进行了大量的物探、钻探等石油地质工作，开展了综合性区域油气普查，并编有相应的调查报告和专题研究报告，对苏北地区地层和地质构造的基本特征进行了系统的划分和阐述，尤其对中新生代地层的划分和与油气有关的地质构造研究较为详细。

全区 1 ： 20 万区域地质调查于 20 世纪 80 年代以前完成，江苏省地质矿产局在总结 1 ： 20 万区调成果的基础上编写出版了《江苏省及上海市区域地质志》，对包括长三角在内的全省区域地质进行了较全面的总结。后来又分别编制了 1 ： 20 万江苏省基岩地质图、1 ： 35 万江苏省地质图及 1 ： 50 万江苏省地质图、基岩地质图和江苏省构造体系图。与海洋地质局合作编制了 1 ： 100 万南通幅地质图、基岩地质图。吴标云和李从先（1987）编制出版了《长江三角洲第四纪地质》专著，较好地揭示了测区大部分地区第四纪地质特征。

地质大调查以来部署了 1 ： 25 万南京市幅、南通市幅、常州市幅、上海市幅、杭州市幅区域地质调查；到 2009 年长三角城市群江南部分已形成了 1 ： 50000 区调工作的全覆盖，江北南通和泰州部分地区做过 1 ： 50000 区调工作。21 世纪以来，在盐城、南通、泰兴等长江以北的大部分地区开展了 1 ： 50000 填图工作。

长三角自 20 世纪 80 年代以来,江苏省和上海市分别制定了第四系划分方案(表 7-2)。

**表 7-2　长三角地区第四系划分沿革表**

| 时代 | 朱森等(1935) | 陈焕疆(1963) | 吴标云和李从先(1987) | | 陈华成等(1989) | | 江苏省地质矿产调查研究所(1993)[①] | |
|---|---|---|---|---|---|---|---|---|
| | 宁镇山脉 | 上海地区 | 长三角地层区 | | 里下河地层区 | | 灌盐小区 | |
| 全新统 | 冲积层 | 上海组 | 如东组 | 上段 | | 四段 | 淤尖组 | 上段 |
| | | | | 中段 | | | | 中段 |
| | | | | 下段 | | | | 下段 |
| 上更新统 | | 南汇组 | 漏湖组 | 上段 | | 三段 | 灌南组 | 上段 |
| | | | | 中段 | | | | |
| | 下蜀系 | | | 下段 | 东台群 | | | |
| | | 昆山组 | | | | | 下段 |
| 中更新统 | | 川沙组 | 启东组 | 上段 | | 二段 | 小腰庄组 | 上段 |
| | | | | 下段 | | | | 下段 |
| 下更新统 | 泥砾层 | 雨花台组 | 海门组 | 上段 | | 一段 | 五队镇组 | 上段 |
| | | | | 中段 | | | | |
| | | | | 下段 | | | | 下段 |

## 二、第四纪地层划分原则与方法

第四纪地层的划分与对比是第四纪地质学的一个基本问题,划分第四纪地层,对恢复第四纪的演化历史具有重大意义,同时为区域工程建设和经济发展提供基础地质资料。

一般老地层的划分主要依据古生物、岩性地层对比,但是第四纪地层形成时间较短,岩相和厚度变化很大,且沉积不连续,因而采取老地层划分方法是不科学的。

众所周知,岩石地层、生物地层和其他方法往往受区域限制,并不具有全球性的意义,唯有年代地层的划分可以在全球范围内加以辨认。

在第四纪研究中,应以年代地层为基础,结合岩石地层、生物地层、气候地层、化学地层等多种研究方法,建立第四纪地层沉积序列和年表。

### 1. 年代地层

按照最新的国际地层年表(2016 年),第四系与新近系的界线位于 2.58Ma,为松山负极性及高斯正极性界线。第四纪地层进一步划分为全新统和更新统,界线为 0.0117Ma。更新统分为 3 段,分别为上更新统、中更新统和下更新统,界线对应的年龄分别为 0.126Ma、0.781Ma。0.781Ma 为布容正极性和松山负极性的界线。下更新统分为三段,界线分别为

① 江苏省地质矿产调查研究所.1993.江苏省第四纪地层初步划分方案(讨论稿)。

1.0Ma 和 1.8Ma，对应松山负极性事件中的加勒米洛和奥杜威亚正极性事件。

因此，第四纪 / 新近纪、早更新世内部界线、早更新世 / 中更新世的界线可通过古地磁年代确定，中更新世 / 晚更新世的界线可通过 OSL 确定，更新世 / 全新世的界线可通过 $^{14}$C 测年确定（表 7-3）。

**表 7-3　年代地层的测试方法**

| 纪 | 世 | 年龄 /Ma | 测试方法 |
|---|---|---|---|
| 第四纪 | 全新世 | 0.0117 | $^{14}$C |
| | 晚更新世 | 0.126 | OSL |
| | 中更新世 | 0.781 | 古地磁 |
| | 早更新世 | 2.58 | 古地磁 |
| 新近纪 | 上新世 | 5.33 | 古地磁 |
| | 中新世 | 23.03 | 古地磁 |

**2. 标志层**

1）硬黏土层

长三角晚更新世地层中普遍存在 1 ～ 2 层硬黏土层（李从先等，1986；孙顺才和伍贻范，1987；陈报章等，1991；邓兵和李从先，1999；覃军干等，2004；邓兵等，2004），为第一硬土层和第二硬土层，形成时代分别为晚更新世晚期晚时、晚更新世晚期早时。岩性为暗绿色、灰黄色、棕黄色黏土、含粉砂黏土，含铁锰结核和黄色锈斑，并有植物根系、大量植物碎屑及轮藻受精卵膜，而未发现有孔虫等海相生物。第一硬土层的顶界为全新统和更新统的界线，第二硬土层的底界为上更新统上段和上更新统下段的界线。

2）海侵层

第四纪以来，中国东部地区共发生过 5 ～ 8 次较大规模的海侵（赵松龄等，1978；中国科学院海洋研究所，1985；吴标云和李从先，1987；王张华等，2008；Liu et al.，2009，2010；Lin et al.，2012）。长三角地区由于下切河谷的发育，地层被大量侵蚀，地层连续性较差。学者通过大量钻孔的测试数据分析，确定了长三角共发育五次海侵层（吴标云和李从先，1987）。从早到晚分别为如皋海侵、上海海侵、太湖海侵、滆湖海侵和镇江海侵（表 7-4）。如皋海侵为长三角地区第一次海侵，仅分布于如皋以东，据沉积相分析为河口环境，其形成时代为早更新世中期；上海海侵为第二次海侵，其范围略大于前期海侵，分布于本区东部，即如皋—南通—苏州一线以东地区，为河口相和潟湖 - 海湾沉积，形成时代为中更新世晚期；太湖海侵为第三次海侵，分布范围较前两次广，为江都—金坛—宜兴—长兴一线以东地区，沉积相较为丰富，包括边滩沼泽、潟湖相、海湾相、滨岸浅海相、河口相等，形成时代为晚更新世早期（MIS5）；滆湖海侵为第四次海侵，是江苏第四纪时期海侵范围最广的一次海侵，其西侵位置已达西部丘陵地带，沉积相为滨岸浅海相、浅海相、潟湖相、边滩沼泽等，形成时代为晚更新世晚期中时（MIS3）；镇江海侵为第五次海侵，分布于镇江—江阴—常熟—松江一线以东、以北地区，其沉积相为滨岸浅海相和河口相，形成时代为全新世（吴标云和李从先，1987）。

表 7-4 标志层的形成时代

| 时代 | 沉积特征 |
|---|---|
| 全新世 | 镇江海侵 |
| 晚更新世晚期晚时 | 第一硬土层 |
| 晚更新世晚期中时 | 滆湖海侵 |
| 晚更新世晚期早时 | 第二硬土层 |
| 晚更新世早期 | 太湖海侵 |
| 中更新世晚期 | 上海海侵 |
| 早更新世中期 | 如皋海侵 |

3）沉积间断面

在砂质层与下伏黏土层接触部位通常发育侵蚀冲刷面，即沉积间断面。长三角第四纪地层中普遍存在，形成原因多为水流（河流或海洋）的侵蚀作用，成因复杂，气候和构造因素均可形成，河流的自然摆动也可形成。一般气候和构造因素形成的沉积间断面在区域上具有可对比性；海平面下降（气候变冷或陆壳的构造抬升），河流侵蚀基准面下降，河床持续侵蚀形成沉积间断面；海平面升高（气候变暖或陆壳的构造沉降）时海水侵蚀下伏地层，从而形成沉积间断面。受全球构造和气候变化的影响，区域内沉积物在第四纪及新近纪的重要时间界限（5.3Ma、3.6Ma、2.6Ma、1.8Ma、1.2Ma、0.78Ma、0.125Ma 和 7500a）附近，通常可见沉积间断面。

4）古土壤层

古土壤层（风化壳）为出露的地表沉积物经历了成壤改造作用，是沉积间断的一种标志，主要为灰黄色、棕黄色等氧化色的黏土层，在相对温暖湿润的时期发育。沉积物在成壤过程中主要受到化学氧化作用、植物、动物及对有机质体的次生分解等的影响。具有生物遗迹，团粒状结构，松散多孔隙，含锈黄色斑点和斑块，蓝灰色淋滤条带或斑点，局部富集钙质、铁锰质结核等特征，在早更新世地层中较发育。

## 三、第四纪地层分区

新近纪以来，全区持续拗陷，由于长江水系的发育，形成了长三角冲积平原区、里下河湖沼积平原区及东部沿海平原区、太湖湖沼积平原区三大沉积单元，其沉积特征、沉积厚度、海侵期次、沉积旋回、物质来源具有明显的差别。

新近纪以来，长三角冲积平原区基底构造以沉降为主，间有凸起，第四纪沉积厚度一般为 210～300m，自西向东逐渐增厚，物源主要来自于长江，以长江河谷的河床相占主导，局部发育泛滥相沉积，沉积旋回以多韵律为主，一般具有 2～3 个粗—细变化，反映河床—边滩—泛滥相的变化。

里下河沉积区及东部沿海平原区以整体沉降为主，第四纪沉积厚度为 210～300m，物源主要来自西部丘陵地区和北部山区，主要发育氧化色的厚层黏土，局部发育含砾中粗砂的分支河道。

太湖地区新近纪以来以间歇性升降运动为主，沉积幅度不大，显示振荡性升降运动，第四纪沉积厚度一般为 150～200m，自西向东增厚，自北向南下降，中部略有起伏，以河湖相的细颗粒为主，沉积物主要来自西部山区和南部山区。

**1. 长三角冲积平原区**

本区第四纪沉积厚度一般为 210～300m，物源主要来自长江及南部山区，地层自下而上划分为中新世—上新世盐城组、早更新世海门组、中更新世启东组、晚更新世早期昆山组、晚更新世晚期滆湖组、全新世如东组（江苏省地质调查研究院，2017[①]）。

1）早更新世海门组

按照第四纪地层划分的原则和依据，海门组的底界为 M/G 界线，顶界为 B/M 界线，海门组的三个段之间的界线分别对应加勒米洛和奥杜威亚正极性事件。以砂砾层与中粗砂、细砂、黏土混杂堆积的冲洪积及灰色砾质中粗砂、中粗砂、细砂的河床相为主，局部夹棕黄色黏土的泛滥相。与下伏盐城组的灰绿色、棕红色黏土呈不整合接触。

海门组下段（早更新世早期）：地层埋深 210～300m，厚 40～95m，可识别 1～3个由粗—细的沉积旋回（砾石层—砂砾层—中粗砂—粉砂—黏土）。

海门组中段（早更新世中期）：地层埋深 165～215m，厚 15～50m，可识别 1～2个由粗—细的沉积旋回，下部为灰色、灰黄色中粗砂及砂砾层的河床相，顶部为灰绿色、棕黄色、灰色黏土的泛滥相，在如皋等地发现有孔虫化石，表明该区遭受区域上的第一次海侵——如皋海侵。

海门组上段（早更新世晚期）：地层埋深 140～170m，厚 30～75m，可识别 1～2个由粗—细的沉积旋回，下部为砂砾层的河床相，顶部为灰绿色、棕黄色、灰色黏土的泛滥相。

2）中更新世启东组

根据上述中更新世和早更新世的划分原则，将中更新世底界置于古地磁布容期与松山期分界，年龄相当于 0.78Ma，中更新世顶界置于末次间冰期，为 0.126Ma。区域上发育灰色砂砾层、砾质中粗砂的河床相及灰色中粗砂、细砂的边滩相。

启东组下段（中更新世早期）：地层埋深 75～115m，厚 5～40m，为灰色砂砾层、砾石层的河床相及灰色中粗砂的边滩相，最北部为灰绿色、棕黄色黏土的泛滥相。

启东组上段（中更新世晚期）：地层埋深 64～100m，厚 5～25m，南部发育灰色砂砾层、砾石层的河床相，北部为灰色中粗砂、细砂的边滩相，最北部为棕黄色、灰绿色黏土的泛滥相，在如皋、如东、上海面粉厂等地发现有孔虫化石，为区域上第二次海侵——上海海侵。

---

① 江苏省地质调查研究院 . 2017.1：5 万港口幅、泰县幅、张庙公社幅、泰兴幅、生祠堂幅区域地质调查报告。

3) 晚更新世早期昆山组

根据地层划分依据, 将昆山组的底界置于末次间冰期, 即 0.126Ma, 将顶界置于第二硬土层的底界, 为 75ka。地层埋深 48 ~ 92m, 厚 1 ~ 20m, 发育灰色粉砂、细砂的河口相, 最北部为棕黄色、棕红色粉砂与黏土互层的堤坝沉积。含有大量有孔虫, 为区域上的第三次海侵——太湖海侵。

4) 晚更新世晚期滆湖组

根据地层划分依据, 将滆湖组的底界置于末次冰期, 即 75ka, 将顶界置于第一硬土层的顶部。

滆湖组下段(晚更新世晚期早时): 地层埋深 30 ~ 85m, 厚 1 ~ 22m, 为灰色、灰黄色砂砾层、砾石层的河床相, 最北部为棕黄色黏土的泛滥相。

滆湖组中段(晚更新世晚期中时): 地层埋深 25 ~ 80m, 厚 1 ~ 13m, 发育灰色粉砂、细砂的河口相, 最北部发育棕黄色粉砂与黏土互层的堤坝沉积。含有大量有孔虫, 为区域上的第四次海侵 - 滆湖海侵。

滆湖组上段(晚更新世晚期晚时): 地层埋深 15 ~ 76m, 厚 1 ~ 15m, 为灰色、砂砾层的河床相, 最北部为棕黄色、灰绿色黏土的泛滥相。

5) 全新世如东组

根据地层划分依据, 如东组的底部为第一硬土层的顶部, 地层埋深 10 ~ 60m, 根据岩性特征、微古组合、AMS $^{14}$C 年龄, 可分为三段。

如东组下段(全新世早期): 发育灰色黏土的湖沼相及灰色粉砂与黏土互层的潮坪相, 普遍发育有孔虫化石。如东组中段(全新世中期)为灰色粉砂与黏土互层的潮坪相及灰色粉砂的河口砂坝, 含有丰富的有孔虫化石。全新统晚期(如东组上段)发育黄灰色黏土质粉砂、粉砂的长三角平原及潮上带。

**2. 太湖湖沼积平原区**

太湖地区的第四系厚度一般为 150 ~ 200m, 自西向东增厚。本区第四纪地层划分原则与长三角平原区相同, 自下而上可划分为更新世的海门组、启东组、昆山组、滆湖组及全新世如东组(吴标云和李从先, 1987)。

1) 早更新世海门组

第四纪早期, 区域上山地有一定程度的抬升, 平原下降幅度不大, 侵蚀和剥蚀作用强烈, 致使太湖区第四纪早期沉积往往缺失, 仅在断陷部位保存有沉积, 呈山间谷底式堆积。海门组地层由西向东逐渐增厚, 埋藏深度一般为 150 ~ 200m, 厚度为 20 ~ 100m; 与下伏新近纪地层之间呈平行不整合接触。根据岩性组合及沉积旋回特征可以划分为三段。

下段: 由西向东顶板深度为 150 ~ 200m, 其厚度为 0 ~ 28m。岩性为棕黄色、黄褐色夹灰绿色、灰白色含粉砂黏土、黏土, 含有钙质结核; 底部出现含砾石砂层, 厚度薄, 为山前冲洪积或山间湖盆相沉积。

中段: 除在丹阳等太湖周边和茅山、宜溧山地山前地带缺失外, 区内均有分布, 沉积物层底埋深一般为 110 ~ 170m, 厚度为 10 ~ 40m, 厚度自西向东、自北向南增厚。岩性以灰黄色、锈黄色含粉砂黏土为主，下部出现薄层粉砂、细砂，局部段为含砾中粗砂或含砾黏土，以冲洪积为主。

上段：在全区皆有分布，但局部山前地带如丹阳等地缺失。层底埋深一般为 40 ～ 150m，厚度一般为 7 ～ 34m。岩性主要为棕黄色、灰黄色、青灰色含粉砂黏土、黏土、含黏土粉砂，底部常出现薄层粉砂。

2）中更新世启东组

根据沉积旋回、古气候、海相层、岩性特征，可以将启东组分为上下两段。

下段：在全区分布较普遍，层底埋深 60 ～ 133m，厚 9 ～ 37m。以陆相层为主，仅在东南部出现海相地层，岩性以灰色、青灰色、灰黄色含粉砂黏土、含黏土粉砂、粉砂、细砂组成，成因为冲湖积。

上段：在全区均有分布，层底埋深 30 ～ 140m，厚 6 ～ 30m。岩性以青灰色、灰绿色、灰黄色含粉砂黏土为主，下部为薄层含黏土粉砂、细砂。

3）晚更新世昆山组（Qp$k$）

昆山组在全区均有分布，层底埋深 23 ～ 101m，厚 6 ～ 20m。岩性以灰色、灰黄色、灰绿色粉砂、细砂夹薄层含粉砂黏土为主，局部地段底部为含砾中粗砂。含有大量有孔虫化石，为太湖海侵。

4）晚更新世滆湖组（Qpg）

根据海相层、沉积相、沉积特征，可将滆湖组划分为以下三段。

下段：层底埋深 17 ～ 42m，厚度 2 ～ 16m。岩性主要为灰绿色、青灰色、灰黄色含粉砂黏土，局部地段下部为含黏土粉砂，成因为冲湖积。

中段：较广泛分布于全区，层底埋深 10 ～ 90m，厚 8 ～ 22m，部分因受后期侵蚀性冲刷被破坏。岩性主要为灰色、深灰色、灰黄色粉砂、淤泥质含粉砂黏土、含黏土粉砂。含有丰富的有孔虫，为滆湖海侵。

上段：层底埋深 3 ～ 21m，厚 3 ～ 11m。岩性主要为灰黄色、灰绿色、青灰色含粉砂黏土，局部地段下部出现含黏土粉砂，多呈硬塑状，普遍含铁锰质、钙质结核。为河湖相，构成区域上第一硬土层。

5）全新世如东组

根据沉积相、沉积特征，可将如东组划分为如下三个层段。

下段：层底埋深 5 ～ 16m，厚 0 ～ 3m。岩性为深灰色淤泥质含粉砂黏土、灰色、灰黄色含粉砂黏土夹粉砂薄层，局部低洼地发育泥炭，部分地区受海水影响含有少量有孔虫。

中段：层底埋深 2 ～ 13m，厚 3 ～ 8m，大部分地区很薄。岩性为灰色和灰黄色粉砂、深灰色淤泥质含粉砂黏土夹泥炭。沉积相以湖沼相为主，局部湖洼和长三角古河谷或南部杭州湾河谷相通，海水沿溺谷溯源形成海相层。

上段：主要分布于沿湖滨和湖洼地带，层底埋深 2 ～ 4m，厚 0 ～ 4m，西部滆湖地区沉积很薄，仅洼地较厚。岩性为青灰色、灰黑色含粉砂黏土。

**3. 里下河湖沼积平原区及东部沿海平原区**

里下河湖沼积平原区及东部沿海平原区与太湖的沉积特征类似，以厚层的黏土，含粉砂黏土为主，局部地段为分支河道的砂砾层。地表以全新统湖沼积和滨海沉积物为主，第四纪厚度一般为 210～300m，由西部丘陵地区向东部逐渐增厚，地层自下而上划分为中新世—上新世盐城组、早更新世五队镇组、中更新世小腰庄组、晚更新世灌南组、全新世淤尖组（江苏省地质调查研究院，2017[①]）。

1）早更新世五队镇组

整体地势西高东低，以棕黄色、灰绿色、棕红色黏土、含粉砂黏土的泛滥相为主，发育山前河流，下部为含砾中粗砂的河床相、上部为细砂、中粗砂的边滩相，具有河流的二元结构，地层埋深 210～300m，厚 150～200m。

2）中更新世小腰庄组

受河流、湖泊等外营力作用的共同影响，在该时期已基本夷平。主要发育棕黄色、棕红色黏土、含粉砂黏土的泛滥相，受到山前河流的影响，发育灰色含砾中粗砂的河床相及粉砂、细砂的边滩相。晚期东部地区发现有孔虫，为灰色黏土的潮坪相，地层埋深75～120m，厚 40～70m。

3）晚更新世灌南组

根据地层划分依据，将灌南组的底界置于末次间冰期，将顶界置于第一硬土层的顶界。全区共受到两次海侵，分别为晚更新世早期的太湖海侵和晚更新世晚期中时的滆湖海侵。地层埋深 20～55m，厚 20～40m，自下而上分别为灰色黏土及粉砂与黏土互层、粉砂、粉砂夹黏土的潮坪相，棕黄色、灰黄色黏土、含粉砂黏土的泛滥相，灰色粉砂、灰色黏土及粉砂夹黏土、黏土夹粉砂、粉砂与黏土互层的潮坪相。棕黄色、灰黄色黏土、含粉砂黏土的泛滥相。

4）全新世淤尖组

根据地层划分依据，淤尖组的底部为第一硬土层的顶部，地层埋深 2～12m，淤尖组下段、中段、上段分别为灰色、青灰色黏土的湖沼相，灰黄色、灰色黏土的泛滥相、潟湖相及潮坪相，深灰色黏土的湖相。

# 第三节　试点图幅地质地貌特点

研究区区位上属于长三角平原区，地理坐标为东经 119°45′～120°15′，北纬32°00′～32°40′，包括港口幅（I50E021024）、泰县幅（I51E021001）、张甸公社幅（I51E022001）、泰兴县幅（I51E023001）和生祠堂镇幅（I51E024001）共五个 1∶50000国际标准分幅（图 7-4），总面积为 2168km²。

---

① 江苏省地质调查研究院 . 2017. 1∶5 万港口幅、泰县幅、张庙公社幅区域地质调查报告。

　　工作区位于江苏中部，西邻文化名城扬州，东连沿海开放城市南通，南隔长江与苏锡常都市圈、镇江相望，为典型的三角洲平原区，受海洋和河流的共同作用明显。区内地表水系极为发育，地跨长江、淮河两大流域。天然河流和人工开凿的河道纵横交织，湖塘密布，沟通长江与里下河水网地区，形成极为便利的航运、灌溉、排涝河流网络。

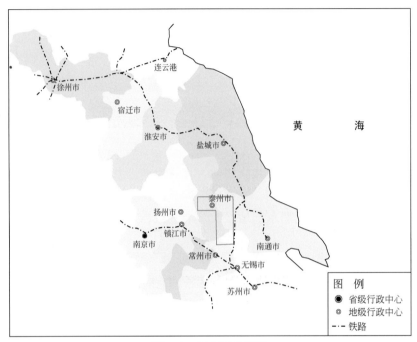

图 7-4　工作区位置图

　　工作区地处中纬度，属亚热带湿润季风气候区，气候温和湿润，四季分明，雨量充沛，雨热同期，光照充足。夏季受太平洋副热带高压控制，多行东南风，且多雨天气；冬季受冷高压控制，多行偏北风，天气晴冷干燥。多年平均气温 14.5℃，一年内 1 月最冷，平均气温 1.5℃，7 月最热，平均气温 27.9℃。

　　工作区农业资源丰富，素有"鱼米之乡""银杏之乡""水产之乡"的美誉，是国家重要的商品粮、优质棉、瘦肉型猪、淡水产品、优质银杏生产基地和蔬菜生产加工出口基地。

　　研究区地理、地质地貌特征体现在以下方面：

　　1）地势平坦，皆为广阔的冲积平原，地表均为全新世地层覆盖

　　测区属于江淮两大水系冲积平原，南面属长三角冲积平原，北面属里下河湖沼积平原，地势呈南高北低。南边长三角地区高程主体为 4 ～ 5m，向南靠近长江高程略有降低，一般为 3 ～ 4m，区域西南角江边高程为 2 ～ 3m；北边里下河地区高程主体在 2m 左右，为水网密集地区。

　　测区地表均为第四系覆盖，江淮分水岭由西向东从中部穿过测区，大致以通扬公路为界，路北属淮河水系，为里下河碟形洼地的一部分，水系发育，是著名的低洼水网平原之一；路南属长江水系，为近代新三角洲冲积平原，分布于测区中南部地区，主要为长江河漫滩相细粒碎屑沉积物。

2）松散层沉积厚度巨大，南北松散层厚度差异明显

测区第四纪以来受海洋、河流共同作用，使得测区第四纪沉积物异常复杂，沉积类型多样，通过对区域上 50 多个第四系钻孔分析对比，大致以泰州—姜堰一线为界，将测区分为长三角和里下河两个第四纪地层小区，两小区第四纪在地层结构、岩性组合特征、海侵层分布、物质来源及水文地质条件等方面均存在较明显的差异。

南侧长三角小区沉积物更新统以含砾粗砂、中－细砂为主，夹少量的粉砂质黏土层，而北侧里下河小区更新统以粉砂质黏土为主，夹含砾粗砂、中－细砂。即沉积物中的砂／泥值，前者远远大于后者。此外，长三角小区全新统沉积厚度较大（20～50m），沉积物以粉砂为主，夹粉砂质黏土、淤泥质粉砂质黏土；里下河小区全新统厚度较薄（5～20m），沉积物以黏土、淤泥质粉砂质黏土为主，砂／泥值明显小于前者，并且局部地区可见黑色泥炭夹层。

3）基岩埋深变化大，基底构造复杂

试点区内基岩埋深南北差异很大，由南向北埋深逐渐加大，南部最浅处约 200m，北部最深可达 1400m 以上，基底起伏非常大，地质构造非常复杂。

以靖江－如皋断裂为界分为金湖－东台拗陷区及南通隆起区两个分区。测区大部分位于金湖－东台拗陷区，是中生代盖层之上的一个新生代长期拗陷，北侧为建湖隆起，南侧以南通隆起为界，总体呈北东东向，由多个呈北东向展布的凸起、低凸起和凹陷组成了"多凸多凹"分割性极强的拉张盆地。该区是一个在前白垩纪复杂基底上演化而来的中新生代复合盆地，这种复杂的基底构造格局影响了新生代盆地的形成演化。

4）经济发达，人类社会的发展对地质环境要求日益增高

试点区位于长三角经济区的中心地带，近 20 年来，城镇规模不断扩大，基础设施建设、固定资产投入大幅增长。但是，在取得巨大发展成就的同时，也面临着严峻的地质资源保障与地质环境安全形势，如在重大基础设施项目的选址，地面沉降灾害预防与监控，地下资源分布状况，地质资源持续利用等方面缺乏前期地质工作技术支撑，国土资源、生态环境预警预报监控系统不够完善，局部地区水土质量恶化，存在因对地质条件认识不够导致工程建设投入加大等问题。为确保工作区国民经济健康发展，开展基础性地质调查工作对区域发展具有重要的战略性和前瞻性意义。

# 第四节 试点图幅 1：50000 填图目标任务

## 一、总体目标任务

系统调研和总结国内外 1：50000 地质填图方法和经验，参照《区域地质调查总则》（1：50000）、《1：50000 区域地质调查技术要求（暂行）》等有关技术要求和规范，在充分收集已有地质、遥感、地球物理、地球化学资料的基础上，采用数字填图技术，针

对平原区特点，选择有效的技术方法组合，开展 1 ： 50000 地质填图试点，查明区内第四纪地质结构、岩相古地理演变和新构造特征。借鉴国内外第四纪地质填图经验，通过试点工作，探索平原区第四纪地质填图方法，研究总结适合平原区 1 ： 50000 地质填图技术方法和成果表达方式。完成 1 ： 50000 区域地质调查，总面积为 2168km$^2$。

重点开展以下几方面工作：

（1）查明测区第四纪地层层序，建立地层格架，开展多重地层划分对比，分析研究地貌及岩相古地理特征、古河流变迁、古气候环境演变规律。

（2）在充分收集分析前人资料的基础上，配合适当的物探、钻探等工作，揭示基岩面的起伏变化和隐伏基岩的地层、岩石、构造特征，以及新构造运动特征。

（3）总结平原区 1 ： 50000 地质填图技术方法和成果表达方式。

## 二、2014 年度目标任务

（1）系统收集地质、遥感、地球物理、地球化学资料，进行综合分析研究，开展国内外平原区地质填图现状调研。

（2）在全面踏勘基础上，利用地质、遥感、物探和钻探等手段，开展 1 ： 50000 地质填图。开展技术方法试验和有效性研究，探索平原区地质填图有效方法组合。

（3）编制项目总体设计及年度工作总结。

## 三、2015 年度目标任务

2015 年度调查研究内容要在 2014 年度工作的基础上，进一步收集资料，开展野外地表填图以及第四纪钻孔的施工和第四纪地层的多重地层划分。具体工作内容如下：

（1）继续开展 1 ： 50000 平原区地质填图。

（2）梳理和总结平原区填图方法，探索平原区填图精度要求。

（3）开展钻探揭露工作，建立第四纪地层层序和地层格架，开展多重地层划分对比。

（4）整理总结前期资料，开展综合分析研究，编写年度工作总结报告。

## 四、2016 年度目标任务

继续充分收集已有地质、遥感、地球物理、地球化学资料，采用数字填图技术完成剩余 1 ： 50000 地质填图，统计分析各类测试数据，开展第四纪多重地层划分对比，查明区内第四纪地质结构、岩相古地理演变和新构造特征，总结平原区 1 ： 50000 地质填图技术方法和成果表达方式。

具体任务：

（1）全面完成子项目野外调查任务，包括浅表第四纪地质填图面积 268km$^2$，钻探工作量1400m，查明第四纪地层层序。

（2）全面系统整理相关资料，建立第四纪地层多重划分对比方案和三维第四纪地层空间结构，探讨区域古地理环境演变规律。基本查明区内基底构造格架，总结隐伏基岩地质特征及基岩面起伏变化特征。

（3）进一步完善平原区1：50000填图技术方法总结。

（4）编制成果报告及系列图件；建立原始资料数据库及地质图空间数据库，完成项目成果验收、资料归档。

（5）加强人才培养与团队建设工作，培养平原区区调专业人员2～3名。

# 第八章　预研究与设计

## 第一节　资料收集整理

### 一、以往基础地质工作情况

区内较为全面、系统的区域地质工作开始于 20 世纪 70 年代，至 2009 年底，由江苏省内各级地矿部门先后完成了 1：20 万扬州幅，1：25 万南京市幅、南通市幅、区域地质调查工作，结合遥感和物探资料，分析研究了境内区域基岩地质和构造地质条件，对近表层的第四纪地层进行了一定程度的研究，编制出版了各图幅的"区域地质图及调查报告"。编制出版了江苏省（包括上海市）1：50 万基岩地质图、地质图、构造体系图及构造体系与地震分布规律图，研究了本区基岩地质构造特征和规律，同时也对区内第四纪地质、古河道演变历史做了相应的调查研究，发表出版了较多的专项调查研究成果报告。

### 二、以往水工环地质工作情况

工作区内的水文地质研究程度相对较高，其中有代表性的为 20 世纪 80 年代开展的 1：20 万高邮－镇江幅、南通市幅等区域水文地质普查，工作覆盖全区，资料较为系统，基本查明了地下水水质、埋藏条件、赋存状态、运移规律和富水地段等，同时，在大量资料分析的基础上，较全面地论述了区内第四系地质特征和区域水文地质、工程地质规律，初步划定了第四纪古长江三角洲的范围。80 年代以来，相继开展了 1：50 万长江三角洲水文地质、工程地质综合评价，同时，各县市针对辖区内存在的水文地质、环境地质、地面沉降等问题，开展了专题性的调查研究和评价工作。

### 三、以往钻探工作情况

目前已收集前人在工作区施工各类第四纪地质、工程地质和水文地质钻孔资料共 2000 余份，系统整理并利用石油深井 65 个，第四纪钻孔 20 个，工程勘察孔 142 个，为了解工作区深部地质特征、研究第四系地层结构提供了宝贵的基础资料。这些钻孔主要来源于石油、煤炭、冶金、地质、化工、水文等部门。

## 四、以往样品分析测试情况

工作区以往地质工作断断续续做过一些分析测试工作，基础地质方面主要是南京地质矿产研究所、第一水文队曾对第四纪地质样品做过一些相应的分析，但仅限 1～2 孔。水文地质对地表水地下水做过一些分析测试项目，多数已无原始报告。工程地质方面也做过一些常规的工程测试。已完成的部省合作项目"江苏省生态环境地质调查与监测"做过本区的土壤地球化学分析（1：25 万），其分析数据和研究成果可以充分引用。

上述各项工作虽积累了部分的资料，但有些原始资料由于时间久远，不易收全，特别是石油部门的资料分层很粗、未进行第四系样品测试，难以利用。

## 五、以往遥感、地球物理、地球化学工作

从 20 世纪 70 年代末开始，测区范围内完成 1：100 万～1：50000 航磁测量。1：100 万航磁全覆盖，1：20 万航磁全覆盖，1：50000 航磁几乎全部覆盖，仅在西北角小纪镇附近没覆盖，精度为 2～10nT。测区范围内未开展过地磁工作。60 年代测区范围内进行过 1：10 万重力测量，全区覆盖，80 年代测区范围内进行了 1：50000 重力测量，占部分面积。重力测量的精度均不高。80 年代在测区南部生祠堂幅及测区范围外靖江地区进行过部分电法面积性工作。70～80 年代，港口幅、泰县幅两个图幅及张甸公社幅、泰兴幅、生祠堂幅部分地区开展过面积性的地震工作。

2003～2007 年，江苏全省开展了精度 1：25 万的多目标地球化学调查，获取了覆盖全区的第四纪表层地球化学信息，遥感工作主要围绕江岸带进行，主要有"长江下游（南京—长江口）河道演变遥感调查"（1986）、"江苏省国土资源遥感调查"（2000）等。

全区范围内已完成中比例尺重力、航磁、化探、遥感工作，部分地区开展过大比例尺遥感、地球物理、地球化学勘查，上述勘查成果为本次研究区域基底构造形态和前第四纪地层提供了丰富的参考资料，但没有开展过 1：50000 大比例尺地质工作，地质资料相对粗糙（图 8-1）。

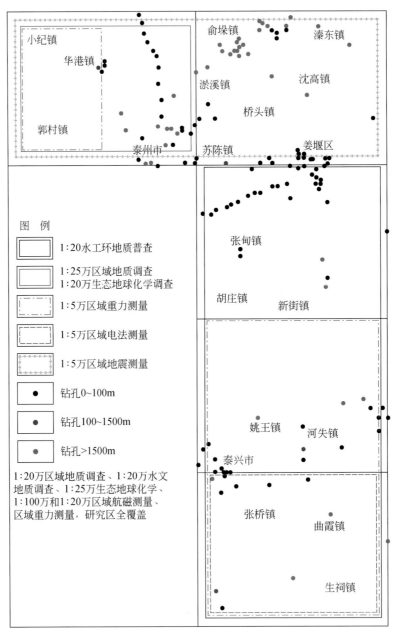

图 8-1　工作区地质工作程度图

# 第二节　野外踏勘及地质草图编制

2014 年 5～6 月，试点图幅进行野外踏勘与遥感验证。完成踏勘路线 5 条，踏勘点 18 个，同时重点对港口幅的第四纪地层特征进行了两条路线调查，共定点了 21 个（图 8-2）。

　　踏勘路线参照遥感解译初步报告，穿越了不同的地貌单元、不同成因类型的第四纪地层，并运用槽型钻进行浅表 2 ～ 4m 的人工揭露，观察自然露头及人工揭露露头，了解不同成因类型第四纪地层的发育特征、相互关系、划分特征，初步确立了第四纪填图单元（表 8-1），完善地质草图（图 8-3），并明确本次填图槽型钻揭露深度为 3 ～ 4m。

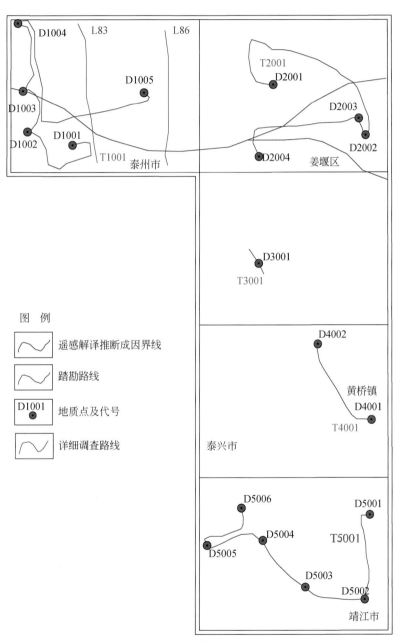

图 8-2　踏勘路线和点位示意图

**表 8-1 试点区地表填图单元**

| 地层分区 | 岩石地层 | 填图单元 |
|---|---|---|
| 里下河湖沼积平原区 | 淤尖组三段 | $Qhy^{3fl}$ |
| 长江冲海积平原区 | 如东组三段 | $Qhr^{3alm}$ |
| 长江冲积平原区 | 如东组三段 | $Qhr^{3al}$ |

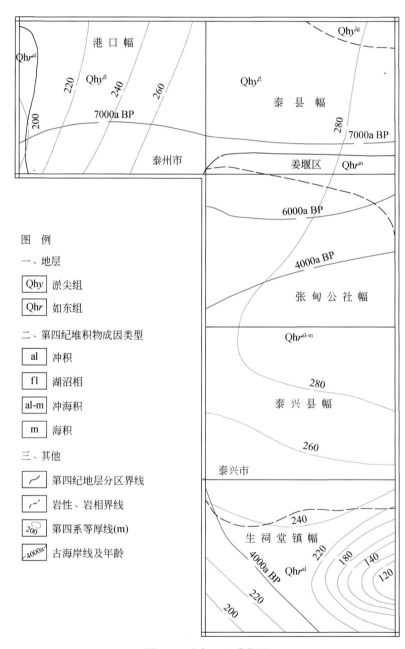

图 8-3 试点区地质草图

# 第三节　工作部署与实物工作量设计

## 一、路线调查工作

按照从南到北、由浅入深的原则分区域逐步推进：2014 年主要填制生祠堂镇幅、泰兴县幅及张甸公社幅（小部分），面积约 900km²；2015 年填制张甸公社幅（大部分）、姜堰幅、港口幅（部分），填图面积为 1000km²；2016 年填制港口幅剩余部分，填图面积为 268km²（图 8-4）。

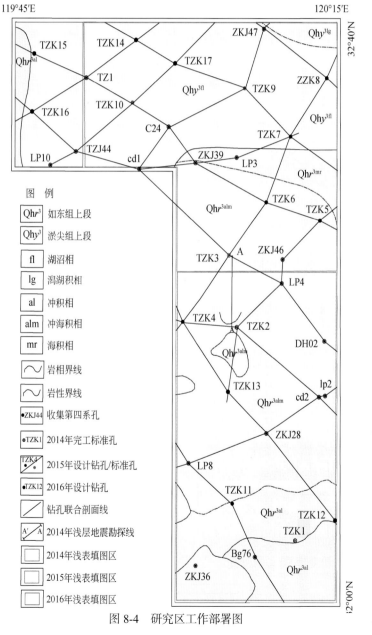

图 8-4　研究区工作部署图

## 二、第四纪地质钻探

根据收集的以往钻探资料可利用情况（满足构建三维模型的钻孔共有 15 个），本着构建第四系三维结构模型（每个图幅"二横二纵"）的需要，同时，为解决钻孔联合剖面中存在的问题，本项目共拟施工钻孔 17 个，总进尺 5279.19m，包括 5 个标准孔，12 个控制孔（表 8-2）。根据测试样品周期及填图工作推进速度分别按年度施工。

表 8-2　各年度钻孔基本情况一览表

| 序号 | 钻孔编号 | 坐标 | | 孔深/m | 实施年度 | 作用 |
| --- | --- | --- | --- | --- | --- | --- |
| | | $X$ | $Y$ | | | |
| 1 | TZK1 | 21234362 | 3553447 | 288.16 | 2014 | 标准孔，构建测区松散层三维联合剖面，研究测区松散层空间结构分布及其变化（2014 年完成） |
| 2 | TZK2 | 21226341 | 3580722 | 400.53 | 2014 | 标准孔，配合地震剖面探索基岩面起伏特征，研究测区松散层空间结构分布及其变化（2014 年完成） |
| 3 | TZK3 | 21225312 | 3589900 | 728.59 | 2014 | 标准孔，配合地震剖面探索基岩面起伏特征，研究测区新生代地层发育特征（2014 年完成） |
| 4 | TZK4 | 21218428 | 3581566 | 315.46 | 2015 | 控制孔，与 TZK2 进行地层对比，可与其他钻孔联合建立三条剖面，用以建立测区第四系三维地质结构模型 |
| 5 | TZK5 | 21238833 | 3593934 | 272.73 | 2015 | 控制孔，与 TZK3 进行地层对比，用以建立测区第四系三维地质结构模型 |
| 6 | TZK6 | 21231104 | 3596502 | 280.28 | 2015 | 控制孔，与 TZK3 进行地层对比，可与其他钻孔联合建立两条剖面，用以构建测区第四系三维地质结构模型 |
| 7 | TZK7 | 21234826 | 3604780 | 296.76 | 2015 | 控制孔，与标准孔 TZK9 进行地层对比，可与其他钻孔联合建立三条剖面，构建里下河沉积区第四系三维地质结构模型 |
| 8 | TZK8 | 21240328 | 3612073 | 280.2 | 2015 | 控制孔，与标准孔 TZK9 进行地层对比，建立两条剖面，研究里下河沉积区第四系三维地质结构模型 |
| 9 | TZK9 | 21228361 | 3611104 | 286.86 | 2015 | 标准孔，构建测区里下河沉积区松散层三维联合剖面，研究测区松散层空间结构分布及其变化 |
| 10 | TZK10 | 20775635 | 3617316 | 270.06 | 2015 | 标准孔，构建测区里下河沉积区松散层三维联合剖面，研究测区松散层空间结构分布及其变化 |
| 11 | TZK11 | 21225144 | 3558150 | 290.66 | 2015 | 控制孔，周边钻孔分布稀疏，可与 TZK1 进行地层对比，建立生祠堂镇幅南北向剖面 |
| 12 | TZK12 | 21240198 | 3555519 | 300.03 | 2016 | 控制孔，加大图幅钻孔密度，与 TZK1 进行地层对比，建立生祠堂镇幅东西向剖面 |
| 13 | TZK13 | 21224883 | 3572452 | 280.09 | 2016 | 控制孔，加大图幅钻孔密度，与 TZK2 进行地层对比，建立泰兴县幅北西向剖面 |
| 14 | TZK14 | 20775620 | 3617345 | 260.36 | 2016 | 控制孔，加大钻孔密度，与 TZ1、TZK10 进行地层对比，建立港口幅、泰县幅北西、北东向剖面，构建里下河沉积区第四系三维结构模型 |
| 15 | TZK15 | 20760968 | 3615175 | 230.89 | 2016 | 控制孔，与 TZ1、TZK10 进行地层对比，建立港口幅、张甸公社幅北西向剖面，研究里下河沉积区、过渡区、长三角沉积区的沉积特征 |

| 序号 | 钻孔编号 | 坐标 | | 孔深 /m | 实施年度 | 作用 |
|---|---|---|---|---|---|---|
| | | $X$ | $Y$ | | | |
| 16 | TZK16 | 20760782 | 3607901 | 250.15 | 2016 | 控制孔，与 TZ1、TZK10 进行地层对比，建立北西、北东向剖面，研究不同沉积区第四系沉积物特征 |
| 17 | TZK17 | 20781492 | 3614556 | 247.38 | 2016 | 控制孔，与 TZK10、TZK9 进行地层对比，研究里下河沉积区北东向、北西向第四系沉积物横向变化特征 |

## 三、地球物理勘探

为了研究浅地震剖面的有效探测深度及其在基岩面起伏、松散层地层结构方面的探测有效性，本次试点工作在大丁村—西南野部署综合地质剖面一条，首先部署浅地震剖面一条，长度 10km，道距 10m，探测深度底界为 800m，位于张甸—薛垛一带，并于剖面起点和终点分别施工钻孔两个，设计深度分别为 400m 和 800m，旨在揭穿基岩面和第四系底界，两个钻孔均为标准孔，系统地采集各类测试分析样品，并进行多参数的综合地球物理测井。

## 四、主要实物工作量设计

本项目核心工作是地表填图和第四纪调查研究工作，主要是查明填图单元、划分地层界线、厘清第四纪地层层序，建立第四纪地层三维结构，分析古地理环境及演变规律；利用的技术方法主要是第四纪地质钻探、野外地质调查、地球物理勘查，并在此基础上建立多条钻孔联合剖面，从而查明第四纪地层结构，并编制多期古地理环境图系，分析古环境演变过程。构建钻孔联合剖面 5 条，岩相古地理图 12 张。

项目野外调查总面积为 2168km$^2$，地质调查点 687 个，地质钻探 5279.19m，综合地球物理测井 5249m，浅地震剖面 10.32km，各类测试样品 9242 件，分三年完成。目前按总体设计安排，工作量全部完成，具体情况见表 8-3。

表 8-3　实物工作量完成情况汇总表

| 工作项目 | 计量单位 | 设计工作量 | | | | 完成工作量 | 完成比例 /% |
|---|---|---|---|---|---|---|---|
| | | 合计 | 2014 年 | 2015 年 | 2016 年 | | |
| 1：50000 填图 | km$^2$ | 2168 | 900 | 1000 | 268 | 2168 | 100 |
| 遥感解译 | km$^2$ | 2168 | 2168 | | | 2168 | 100 |
| 地质钻探 | m | 4900 | 1500 | 2000 | 1400 | 5279.19 | 107.74 |
| 综合测井 | m | 4900 | 1500 | 2000 | 1400 | 5249 | 107.12 |
| 浅层地震 | km | 10 | 10 | | | 10.32 | 103.2 |
| 样品采集 | 件 | 6849 | 3685 | 2576 | 588 | 9242 | 134.94 |

# 第九章　地表地质地貌调查

地貌分区按照表层沉积物成因及外力作用类型分为里下河湖沼积平原（Ⅰ）、长江三角洲冲海积平原（Ⅱ）和长江下游冲积平原（Ⅲ）三个区。按地表遥感地貌特性、沉积组合类型和高程可将地貌单元进一步细分（图9-1、图9-2、表9-1），即里下河湖沼积平原区内细分出低洼地（Ⅰ₁）、滩地（Ⅰ₂）、微高地（Ⅰ₃）、海滩砂坝（Ⅰ₄）四种地貌类型；长江冲海积平原区细分为古堤坝（Ⅱ₁）和高沙平原（Ⅱ₂）两种地貌类型；长江下游冲积平原区细分为河漫滩（Ⅲ₁）、低平地（Ⅲ₂）、洼地（Ⅲ₃）三种地貌类型。

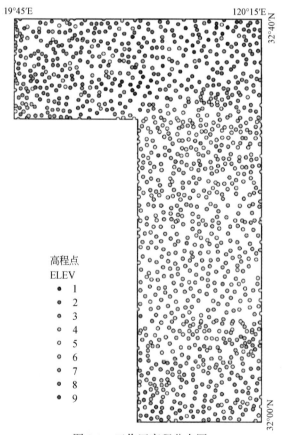

图 9-1　工作区高程分布图

图 9-2　工作区地貌图

表 9-1　区内地貌类型一览表

| 地貌分区 | | 地貌类型 | 组合成因类型 |
|---|---|---|---|
| 自然堆积地貌 | 里下河湖沼积平原（Ⅰ） | 低洼地Ⅰ₁ | 湖沼积、海积 |
| | | 滩地Ⅰ₂ | 湖沼积、海积 |
| | | 微高地Ⅰ₃ | 冲积、海积 |
| | | 海滩砂坝Ⅰ₄ | 海积 |
| | 长江三角洲冲海积平原（Ⅱ） | 古堤坝Ⅱ₁ | 冲海积、海积 |
| | | 高沙平原Ⅱ₂ | 冲海积 |
| | 长江下游冲积平原（Ⅲ） | 河漫滩Ⅲ₁ | 冲积 |
| | | 低平地Ⅲ₂ | 冲积、冲海积 |
| | | 洼地Ⅲ₃ | 冲积、冲海积 |

# 第一节　里下河湖沼积平原（Ⅰ）

区内里下河湖沼积平原为里下河碟形洼地的一部分，被称为苏北里下河地区的"锅底洼"，地势低平，水系发育，地面高程最低处小于 1.5m，是著名的低洼水网平原之一。其包含的各地貌类型、沉积特征描述如下。

**1. 低洼地（Ⅰ₁）- 潟湖相 [ Qhy³ⁿ（SF）]**

低洼地主要分布于溱东镇、溱潼镇、俞垛镇、淤溪镇一带，分布面积约为 160km²，地面高程一般小于 2m，地势低平，水网特别发育，属于典型水网平原地带，地表沉积物以深灰色或灰黑色黏土为主，土地肥沃，是重要的粮食主产区。遥感 ETM754 波段合成影像如图 9-3 和图 9-4 所示，显示特征为深色调，浅紫色、浅绿色和深蓝色，影纹结构粗糙，形态为港湾状，水系呈树枝状分布。

图 9-3　淤溪镇湖沼低洼地地貌 ETM754 遥感影像

图 9-4　小杨庄湖沼积低洼地地貌 ETM754 遥感影像

地表广泛分布淤尖组三段的潟湖相沉积物（图9-5），岩性自上而下描述如下。

（1）0～0.3m：深灰色耕植土。深灰色，含粉砂黏土为主。

（2）0.3～1.0m：深灰色-灰黑色含粉砂黏土-黏土，0.4m处见3～5mm大小白色圆形完整贝壳。自上而下粉砂逐渐变少，粉砂含量为5%～15%。位于1.0～1.1m处，见铁锰结核层，大小2～5mm，局部铁锰质浸染呈灰黑色斑块。硬塑-可塑。

（3）1.0～2.4m：青灰色含粉砂黏土-粉砂质黏土。向下粉砂增多，粉砂含量为10%～30%，可塑-软塑。

（4）2.4～3.4m：青灰色黏土质粉砂与含粉砂黏土，局部见少量水平状沉积纹层。2.7m处见厚约2cm贝壳层，主要为半咸水腹足类和双壳类贝壳层，半自形-自形。双壳类白色薄壳为主，同心纹状花纹，直径一般大于7mm；腹足类少量，呈白色螺旋状，直径约10mm。

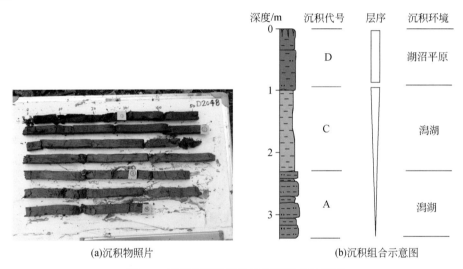

(a)沉积物照片　　　　　　(b)沉积组合示意图

图9-5　潟湖沉积物照片和沉积组合示意图

### 2. 滩地（I₂）

该地貌单元主要分布于里下河湖沼低洼地外围，华港镇、桥头镇、沈高镇一带，地势上高程一般为2～3m，地表沉积物以灰黄色或灰色黏土为主。从DEM分析该区地势位于低洼地与南部微高地之间。遥感ETM754波段合成影像如图9-6所示，相对南部深紫色色调为主的微高地平原区，该地貌单元影像亮度偏亮。由于该区内地势平坦，地势略有增高，水网密度略有减少。

地表广泛分布淤尖组三段的潟湖-潮坪相沉积物组合（图9-7），岩性自上而下表现如下。

（1）0～0.3m：耕植土。深灰色粉砂质黏土，根系发育。

（2）0.3～1.5m：棕灰色含粉砂黏土-粉砂质黏土，自上而下粉砂增多，颜色加深。其中0.3～1.0m为含粉砂黏土，可塑-软塑，粉砂含量为10%～20%；0.6m处产完整腹

图 9-6　华港镇一带滩地地貌遥感影像

足类贝壳一枚，直径约 1cm；1.0 ～ 1.5m 粉砂增多明显，含量为 25% ～ 35%，表现粉砂质黏土，可塑，切面较粗糙；1.1m 处产完整腹足类一枚，直径约 0.5cm；此外 1.3 ～ 1.5m 处含少量锈黄色斑点，直径以 2 ～ 3mm 为主。

（3）1.5 ～ 2.3m：深灰色 - 青灰色粉砂质黏土，自上而下粉砂增多明显，底部见白色完整腹足类贝壳。粉砂含量为 25% ～ 50%，向下粉砂中云母片增多；底部 2.1m 处见两枚直径约 1mm 腹足类；2.3m 处见直径 6 ～ 7mm 完整竖纹螺旋壳 1 枚。

（4）2.3 ～ 3.7m：青灰色淤泥质粉砂。粉砂含水量过饱和，不成形，表面云母片明显，未见化石碎片或沉积纹层。

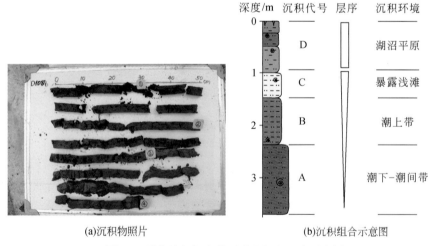

(a)沉积物照片　　　　　　　　　(b)沉积组合示意图

图 9-7　潟湖潮坪沉积物照片和沉积组合示意图

### 3. 微高地（ I ₃）

该地貌单元主要分布于里下河湖沼积平原区与长三角冲积平原区过渡区，位于郭村镇、罡杨镇、娄庄镇一带，东西相距约 40km，面积约 200km²。由于该地貌紧靠长三角冲海积平原，因此地势升高明显，地表高程一般为 2 ～ 4m，地势总体平坦，局部略有微弱起伏，地表沉积物以粉砂质黏土或黏土质粉砂为主。遥感 ETM754 波段合成影像如图 9-8 所示，以黄绿色和浅粉红色浅色调为主；影纹结构细腻和粗糙相间；地形也比较平坦，水网密度已明显减少。

图 9-8 北庄村微高地地貌遥感影像

地表广泛分布淤尖组三段的潟湖－潮坪－沼泽相沉积物组合（如图 9-9），岩性自上而下表现如下。

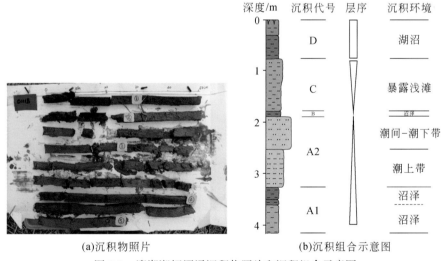

(a)沉积物照片　　　　　(b)沉积组合示意图

图 9-9 潟湖潮坪沼泽沉积物照片和沉积组合示意图

（1）0～0.3m：深灰色耕植土。含粉砂黏土。

（2）0.3～0.75m：深灰色含粉砂黏土，单调。

（3）0.75～1.75m：灰黄色、灰绿色粉砂质黏土－含粉砂黏土，硬塑－可塑。其中 0.75～1.2m 灰黄色粉砂质黏土，少量锈黄色斑点，直径为 1～2mm；1.2～1.75m 色调变深，灰绿色含粉砂黏土，黏粒明显增多，能搓细条，粉砂含量目估为 5%～10%。

（4）1.75～3.5m：灰绿色、灰色粉砂－粉砂质黏土。其中 1.75～2.5m 淤泥质粉砂，表面少量云母片明显，含水量很高；2.5 ～ 3.5m 灰色 – 深灰色粉砂质黏土，黏粒向下逐渐增多，颜色明显变深，粉砂含量目估为30% ～ 40%，切面粗糙；底部10cm有机质含量较多。

（5）3.5 ～ 4.3m：青灰色硬黏土，含少量钙质结核，直径为 5 ～ 7mm，硬塑 – 可塑。

### 4. 海滩砂坝（I₄）

该地貌类型仅分布于泰县幅东缘堂庄村一带，地表高程在 2m 左右，沉积物主要为全新世海侵时期形成的一套滨海相粉细砂。ETM754 波段假彩色合成影像如图 9-10 所示，显示地表以灰黄色为主，纹理细腻；地势平坦，水网密度相对较小。

图 9-10　唐庄村海滩砂坝地貌遥感影像

地表广泛分布淤尖组三段的潟湖 – 潮坪 – 三角洲相沉积物组合（图 9-11），岩性自上而下表现如下。

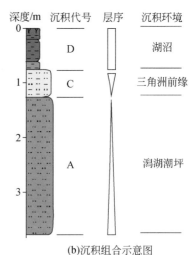

(a)沉积物照片　　　　　　　　　　(b)沉积组合示意图

图 9-11　潟湖潮坪三角洲沉积物照片和沉积组合示意图

（1）0 ～ 0.2m：耕植土。灰黑色黏土，根系发育，表现为典型里下河湖沼黑土壤。

（2）0.2 ～ 0.75m：灰黑色 – 青灰色黏土为主，局部含少量棕黄色粉砂。自上而下由灰黑色逐渐过渡为青灰色，棕黄色长度约 5cm（0.30～0.35m）。

（3）0.75～1.25m：青灰色夹杂少量锈黄色黏土质粉砂为主，局部夹灰黑色粉砂质黏土，表现过渡特性。其中 0.95～1.0m 段夹杂灰黄色，表现大量锈黄色斑块夹杂在青灰色之中；1.1m 处见直径 2～3mm 植物根管。

（4）1.25～3.8m：青灰色淤泥质粉砂。单调，刀切面云母碎片表现明显，云母含量在 1% 左右，粉砂中局部偶见 4～5mm 粉砂质砾屑（1.55m 处）。

# 第二节　长江三角洲冲海积平原（Ⅱ）

### 1. 古堤坝（Ⅱ₁）

古堤坝位于长江三角洲冲海积平原北缘，主要呈东西向分布于泰州市海陵区主城区至姜堰区主城区一线，属于海积与冲积作用共同作用形成，表层粉砂明显，沉积物以含黏土粉砂与粉砂质黏土互层为特性，灰黄色或棕黄色色调显著，锈黄色斑点或结核发育。遥感 ETM754 波段假彩色合成影像如图 9-12 所示，显示深浅不一的混合色调，以黄绿色和浅绿色为主；影纹细腻；纵向水系较发育；地面高程一般在 4～8m，总体相对西高东低，古堤坝两侧地形略有起伏。

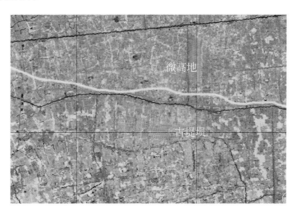

图 9-12　白米镇一带古堤坝地貌遥感影像

地表广泛分布如东组三段的堤坝相沉积物组合（图 9-13），岩性自上而下表现如下。

（1）0～0.35m：耕植土，深灰色黏土质粉砂。

（2）0.35～1.0m：顶部约 0.15m 灰色黏土质粉砂，中下部灰黄色含黏土粉砂为主，向下黏粒变少。其中 0.35～0.5m 段表现为深灰色黏土质粉砂，黏粒含量目估为30%～45%；0.5～1m，灰黄色含黏土粉砂，黏粒含量目测为 15%～20%，向下黏粒减少。

（3）1.0～2.0m：棕黄色含粉砂黏土 - 粉砂质黏土，自上而下粉砂增多，整体锈黄色铁锰斑点或结核少量，可见 3～4mm 结核。其中 1～1.65m 含粉砂黏土中，粉砂含量目测为 5% ～ 20%，软塑；1.65 ～ 2m 粉砂质黏土中，粉砂含量目测为 25% ～ 35%。

（4）2.0 ～ 3.7m：灰黄色黏土质粉砂与灰黑色碳质黏土或灰黄色含粉砂黏土互层。碳质黏土主要出现两段，2.6 ～ 2.7m 和 3 ～ 3.2m 段；灰黄色含粉砂黏土中见锈黄色铁质斑块。

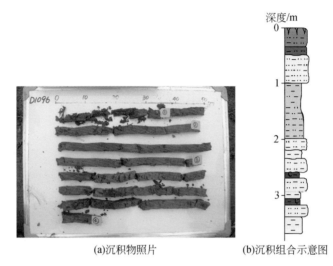

(a)沉积物照片　　　　　　(b)沉积组合示意图

图 9-13　长三角冲海积平原北缘过渡带古堤坝沉积物照片和沉积组合示意图

### 2. 高沙平原（Ⅱ₂）

高沙平原主要分布于测区张甸幅和泰兴市幅区内，属冲海积三角洲平原，浅表以粉细砂为主，是全新世海退阶段，在三角洲前缘河口位置不断堆积形成。全新世海退过程中，由于长江主河道不断向南迁移，该地区逐渐演化为高沙平原，整体地势平坦，自北向南微倾，绝对高度为 4 ～ 6m，相对高度为 1 ～ 2m。泰兴河失镇—黄桥镇一线地貌遥感 ETM754 波段合成影像如图 9-14 所示，显示特征为紫色、浅粉红色和黄绿色深色调，影纹结构比较粗糙，地形比较平坦，水系较发育，交织成网。

图 9-14　河失—黄桥一带高沙平原地貌遥感影像

地表广泛分布如东组三段的高沙平原－河口砂坝相沉积物组合（图9-15），浅表沉积物组合特性如下。

（1）0～0.2m：黄灰色耕土层，岩性为粉砂质黏土，含大量植物根系和黑色有机质残体。

（2）0.2～1.2m：黄灰色、灰黄色含黏土粉砂，粉砂含量目测为80%～95%，局部见锈黄色斑点、斑块和灰色粉砂质黏土团块，含少量植物根系。

（3）1.2～2.9m：灰黄色、黄灰色粉细砂。目测细砂占多数，局部夹锈黄色斑块、斑点及云母碎片。

（4）2.9～3.45m：深灰色粉砂，富集云母碎片，含水量高。

 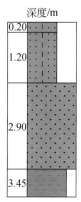

(a)沉积物照片　　　　　(b)沉积组合示意图

图9-15　三角洲前缘河口砂坝沉积物照片和沉积组合示意图

# 第三节　长江下游冲积平原（Ⅲ）

**1. 河漫滩（Ⅲ₁）**

河漫滩为近代长江下游冲积平原，分布于测区南缘，紧靠长江的相对低洼的区域，系长江在近一两千年堆积形成的新冲积平原，地势自北向南微倾，绝对高度为2～4m，相对高度为1～2m，浅表主要为黄色、灰黄色粉砂质黏土与黏土质粉砂互层。遥感ETM754波段合成影像如图9-16所示，深浅不一色调，但以浅色调为主，颜色以黄绿色和浅绿色为主；影纹细腻；水系较发育，呈网格状和辫状。

另外从河漫滩影像中可以识别出过去老的古河道、古心滩、古漫滩，如图9-17和图9-18所示。其中古分支河道沿七圩镇、新市镇、曲霞镇和广陵镇一带呈河曲状展布，是河漫滩上发育的次级分支河道，后被逐渐淤塞。地表潮湿、植被茂盛，常发育沼泽和水塘，沉积物以灰黄色黏土质粉砂为主，遥感TM543波段合成影像局部放大如图9-17所示，显示深绿色深色调，呈条带状，明显区别于周围地貌，耕地沿古河道的弯曲方向伸展。

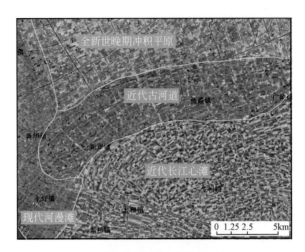

图 9-16　新桥—生祠堂—虹桥—曲霞镇一带不同阶段河漫滩地貌遥感影像

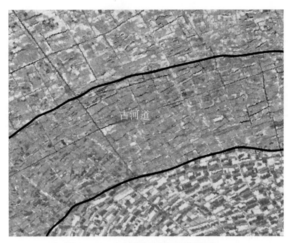

图 9-17　古河道地貌遥感影像

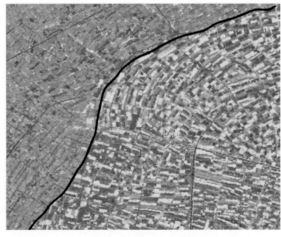

图 9-18　心滩地貌遥感影像

古心滩主要分布在长江北岸生祠堂镇一带，形成于距现今长江河道稍早时期，后由于分支河道被淤塞而与岸堤相连最终形成河漫滩，地表沉积物由淤泥和粉砂构成。地势平坦，地面高程一般在 3m 左右，微向长江倾斜。遥感 TM543 波段合成影像局部放大如图 9-18 所示，深浅不一色调，以浅色调为主，颜色为黄绿色夹杂紫红色，明显区别于废弃古河道影像特征；影纹结构较细腻；形态呈格状沿长江弯曲方向展布；水系较发育，呈网格状和放射状分布。

地表揭露的长江下游冲积平原现代河漫滩沉积组合特性如下（图 9-19）。

（1）0 ~ 0.20m：耕植土，灰黄色 - 黄褐色粉砂质黏土，含有较多的植物根茎残留及少量淡水螺贝壳碎片。

（2）0.20 ~ 1.70m：灰色 - 灰黄色粉砂质黏土。切面欠光滑，有明显砂感，可手搓成细长条状；与下层逐渐过渡整合接触。

（3）1.70 ~ 3.00m：灰色 - 青灰色粉砂为主。切面粗糙，手搓砂感明显，局部含水较高，砂土液化特征明显，局部含少量云母碎片，个别局部地达细砂、粉细砂，水平层理略显；未见底。

层间连续沉积，未见明显沉积间断，沉积物组合自下而上粒度有变细趋势，表现进积层序特性。

 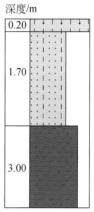

(a)沉积物照片　　　　　(b)沉积组合示意图

图 9-19　长江下游冲积平原现代河漫滩沉积物照片和沉积组合示意图

**2. 低平地（Ⅲ₂）**

低平地主要分布在工作区的泰兴市的新桥—生祠堂—虹桥—曲霞镇一带，地势平坦，微向长江倾斜，地面高程一般为 4 ~ 5m，地表水系发育，水网化程度高，地表沉积物以海侵时期的粉砂为主，局部地区在长江洪泛期可被洪水淹没。遥感 ETM754 波段合成影像如图 9-20 所示，特征为紫色、浅粉红色和黄绿色深色调，影纹结构比较粗糙，地形比较平坦，水系较发育，交织成网。

地表揭露长江下游冲积平原低平地（天然堤相）沉积组合描述如下（图 9-21）。

（1）0 ~ 0.20m：耕植土，灰黄色 - 黄褐色，含有植物根茎少许。

图 9-20　泰兴市东低平地地貌遥感影像

（2）0.20 ～ 2.60m：灰色－灰黄色黏土质粉砂、粉砂。切面粗糙，松散，疏松，易碎，手搓砂感明显，水平层理较发育，局部有锈黄色斑点及斑块，局部含水较高，砂土液化特征明显。

（3）2.60 ～ 4.00m：灰黄色－浅灰绿色粉砂。切面粗糙，松散，疏松，易碎，手搓砂感明显，略显水平层理，局部含有云母碎片，直径目测为 0.2 ～ 0.3mm，含量在 1% 左右。

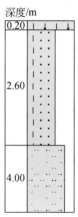

(a)沉积物照片　　　　(b)沉积组合示意图

图 9-21　长江下游冲积平原低平地沉积物照片和沉积组合示意图

**3. 洼地（Ⅲ₃）**

洼地主要分布在根思乡—姚土镇狭长地带，地势平坦，地面高程一般为 4 ～ 5m，地表水系发育，水网程度高，浅表沉积物以粉砂或含黏土粉砂为主，遥感 ETM754 波段假彩色合成影像如图 9-22 所示，显示为黄绿色、深紫色，影纹较细腻；地势平坦、相对高差小，水系发育，呈网格状。

地表揭露长江下游冲积平原洼地（分支间湾相）沉积组合描述如下（图 9-23）。

（1）0 ～ 0.35m：灰色耕植土，主要成分为黏土质粉砂。结构表现松散，粉砂含量目测在 60% 左右，可见少量植物根须，自上至下减少；下部见少量锈黄色斑点。

图 9-22 根思乡一带洼地地貌遥感影像

（2）0.35～1.28m：黄灰色-灰黄色黏土质粉砂-含黏土粉砂，粉砂含量自上至下渐增。整段均发育锈黄色斑块、斑纹，色序纹层明显，厚1～3mm，局部云母碎片富集；整体较松散，手压易碎。

（3）1.28～2.42m：灰黄色粉砂。局部见锈黄色斑块、斑纹，斑纹发育处层理明显，厚1～2mm，整段中云母碎片含量较高；2.1～2.42m段空隙水含量较高，呈流塑。

（4）2.42～2.8m：灰色粉砂。空隙水含量较高，呈流塑，局部可见少量锈黄色斑块，云母含量较上段减少。

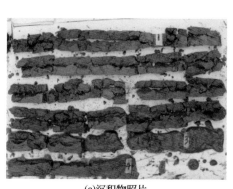

(a)沉积物照片

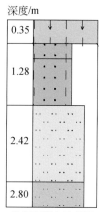

(b)沉积组合示意图

图 9-23 长江下游冲积平原洼地（分支间湾相）沉积物照片和沉积组合示意图

# 第十章　第四纪松散层调查

　　研究区是松散沉积物深覆盖区，前人资料表明第四纪松散沉积物厚 200～300m，第四系地层在局部地区发育较齐全，地表只出露全新统。

　　项目共收集到了 20 个重要钻孔（图 10-1），分别为江苏省地质局水文队"水文地质工程地质普查"[①]项目 1964～1966 年施工的钻孔，编号为 LP2、LP3、LP4、LP8、LP10；江苏省地质矿产局第一水文地质工程地质大队"江苏省沿江工业走廊水文地质、工程地质、环境地质综合评价"[②]项目 1986～1989 年施工的钻孔，编号为 CD1、CD2；

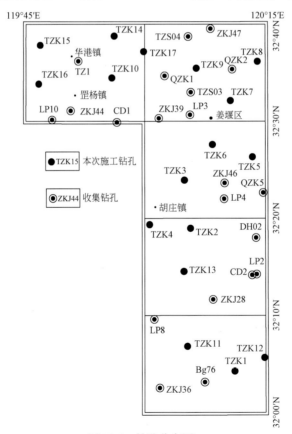

图 10-1　钻孔分布图

---

　　① 江苏省地质局水文队 . 1967. 水文地质工程地质普查。

　　② 江苏省地质矿产局第一水文地质工程地质大队 . 1990. 江苏省沿江工业走廊水文地质、工程地质、环境地质综合评价。

江苏省地质调查研究院"苏中地区环境地质调查"[1]项目 2013 年实施的钻孔，编号为 TZ1；江苏省地质调查研究院"长江三角洲地区（长江以北）环境地质综合调查评价"[2]项目 2009 年施工的钻孔，编号为 DH02；江苏省地质调查研究院"长江三角洲深部三维地质调查"[3]项目 2011～2014 年施工的钻孔，编号为 ZKJ28、ZKJ36、ZKJ39、ZKJ44、ZKJ46、ZKJ47。江苏省地质调查研究院"泰州城市地质"项目 2015～2016 年施工的钻孔，编号为 TZS03、TZS04、QZK1、QZK2、QZK5。所有的钻孔均有详细的岩性描述，TZ1、DH02 孔有古地磁及磁化率的数据，为区域内第四纪地层结构特征研究提供了重要资料。

　　本次项目共施工 17 个孔，其中标准孔 5 个，编号分别为 TZK1、TZK2、TZK3、TZK9、TZK10，控制孔 12 个，编号分别为 TZK4、TZK5、TZK6、TZK7、TZK8、TZK11、TZK12、TZK13、TZK14、TZK15、TZK16、TZK17。

# 第一节　第四纪地层分区

　　新近纪以来，全区持续拗陷，由于长江水系的发育，形成了长三角小区和里下河平原两大沉积单元，大体以新通扬运河为界，其沉积特征、沉积厚度、海侵期次、沉积旋回、物质来源具有明显的差别（李向前等，2016）。

　　长三角第四纪地层厚度一般为 210～300m，受基底影响，西南角地势较高，早更新世早期受到研究区西南部江阴及东南部常州基岩剥蚀区的山前影响，沉积了以砂砾石、黏土混杂堆积的山前冲洪积沉积，早更新世中期至晚更新世时期，以长江河谷的河床相占主导，局部发育泛滥相沉积。沉积旋回以多韵律为主，一般具有 2～3 个粗—细变化，反映河床—边滩—泛滥相的变化。全新世时期，由于海平面上升，该地区逐渐演化为河口，沉积厚度为 10～60m，由北向南逐渐增厚，发育灰色粉砂与黏土互层、粉砂夹黏土的潮坪相及灰色粉砂的河口砂坝。根据微体古生物结果，仅可识别出全新世的镇江海侵。

　　里下河沉积区第四纪地层厚度为 210～270m，物源主要来自西部丘陵地区，其南部受到古长江的影响，以氧化色的厚层黏土、含钙质结核黏土、粉砂质黏土的泛滥平原相为主，局部发育含砾中粗砂的分支河道。全新世地层厚度为 0～7m，从下至上发育湖沼相、潮坪相、潟湖相及湖沼相。第四纪以来可识别出 4 次海侵，分别为镇江海侵、潟湖海侵和太湖海侵及中更新世晚期的海侵。

# 第二节　里下河沉积区地层

　　区域上，里下河平原区主要指江都—泰州—海安一线以北的高邮、兴化、宝应地区，

---

① 江苏省地质调查研究院 . 2013. 苏中地区环境地质调查。

② 江苏省地质调查研究院 . 2011. 长江三角洲地区（长江以北）环境地质综合调查评价报告。

③ 江苏省地质调查研究院 . 2015. 长江三角洲深部三维地质调查。

地表以全新世湖沼积沉积物为主，第四纪地层厚度为 200 ～ 290m，由西部丘陵地区向东部逐渐增厚，本项目在该地层小区共施工了 9 个钻孔，包括标准孔 TZK9、TZK10，控制孔 TZK7、TZK8、TZK12、TZK13、TZK14、TZK15、TZK16、TZK17。物源主要来自西部丘陵地区和长三角的混合，可识别出四次海侵，地层自下而上划分为中新世—上新世盐城组、早更新世五队镇组、中更新世小腰庄组、晚更新世灌南组、全新世淤尖组。

**1. 早更新世五队镇组**

按照第四纪地层划分的原则和依据，五队镇组的底界为 M/G 界线，顶界为 B/M 界线，五队镇组的三个段之间的界线分别对应加勒米洛和奥杜威亚正极性事件。整体地势西高东低，五队镇组以棕黄色、灰绿色、棕红色的黏土、含粉砂黏土的泛滥相为主，发育山前河流，下部为含砾中粗砂的河床相、上部为细砂、中粗砂的边滩相，具有河流的二元结构。物源主要来自于西部丘陵山区，其南部受到古长江的影响，物源为古长江和西部丘陵山区的混合。

五队镇组下段（早更新世早期）：可分为两段，下段地层埋深 190 ～ 270m，西高东低，厚 3 ～ 50m，灰黄色、黄灰色含砾中粗砂的河床相及细砂、中粗砂的边滩相，河床相的物质主要来自于西部丘陵地区，重矿物组合为钛铁矿－绿帘石－赤褐铁矿－锆石－磁铁矿。在里下河和长三角的过渡带主要为边滩相，物质来源为长江和西部丘陵的混合，重矿物组合为钛铁矿－绿帘石－锆石－赤褐铁矿－金红石。上段地层埋深 185 ～ 250m，厚 10 ～ 70m，为巨厚的棕黄色、棕红色、灰绿色黏土、含粉砂黏土的泛滥相，重矿物组合为赤褐铁矿－绿帘石－钛铁矿－锆石－磁铁矿。

五队镇组中段（早更新世中期）：可分为两段，下段地层埋深 155 ～ 220m，厚 5 ～ 50m，为灰色、灰黄色细砂、中粗砂及含砾中粗砂、砂砾层的河床相，西部为棕黄色黏土的泛滥相，河床相的主要物质来自于西部丘陵地区，重矿物组合为钛铁矿－绿帘石－赤褐铁矿－锆石－磁铁矿。在里下河的西南部，发育边滩相，物质来源为古长江和西部丘陵山区的混合，为钛铁矿－绿帘石－锆石－黄铁矿－磷灰石。上段地层埋深 140 ～ 190m，厚 5 ～ 40m，为巨厚的棕黄色、棕红色、灰绿色黏土、含粉砂黏土的泛滥相，重矿物组合为钛铁矿－绿帘石－赤褐铁矿－锆石－磁铁矿。

五队镇组上段（早更新世晚期）：可分为两段，下段地层埋深 120 ～ 170m，厚 0 ～ 20m，研究区的北部缺失该层，为灰色、灰黄色、粉砂、细砂，局部见含砾中粗砂的边滩沉积。上段地层埋深 110 ～ 150m，厚 20 ～ 60m，由于河流的削高填低及风化作用，地势虽仍为西高东低，但高差不超过 20m，为巨厚的棕黄色、棕红色、灰绿色黏土、含粉砂黏土的泛滥相，西部的重矿物组合为绿帘石－钛铁矿－磁铁矿－赤褐铁矿－角闪石，而东部的重矿物组合为钛铁矿－绿帘石－磷灰石－锆石－磁铁矿，表明物源有差异，东部的物源更多地来自于中酸性岩浆岩，为长江和西部丘陵区的混合。

**2. 中更新世小腰庄组**

根据前述的中更新世和早更新世划分原则依据，将中更新世底界置于古地磁布容期与松山期分界，年龄相当于 0.78Ma，中更新世顶界置于末次间冰期，为 0.126Ma。由于河流、湖泊等外营力作用的共同影响，研究区在该时期已基本夷平。主要发育棕黄色、棕红色黏土、含粉砂黏土的泛滥相，早期受到长江的影响，发育灰色含砾中粗砂的河床相及粉砂、细砂的边滩相。晚期东部地区发现有孔虫，为灰色黏土的高潮坪，为该区的第一次海侵。

小腰庄组下段（中更新世早期）：地层埋深 75～100m，全区基本夷平，厚 3～35m，灰黄色、灰色粉砂、细砂，局部夹含砾中粗砂的河床相、边滩相沉积。河床相的重矿物组合为钛铁矿－绿帘石－角闪石－赤褐铁矿－辉石，表明其物源为西部丘陵山区和长江的混合，而边滩相的重矿物组合为钛铁矿－磁铁矿－锆石－绿帘石－石榴子石，表明其物源主要来自于长江。

小腰庄组上段（中更新世晚期）：地层埋深 50～68m，厚 5～30m，为巨厚的棕黄色、棕红色、灰绿色黏土、含粉砂黏土的泛滥相，见陆相介形虫 *Candoniella albicans*、*Candona* sp.、*Ilyocypris* sp.、*Ilyocypris bradyi*、*Limnocythere* sp.。东部含有有孔虫，以 *Ammonia beccarii/ Ammonia tepida* Group 为主，见少量的 *Nonion tisburyensis*、*Florilus* sp.，为该地区的第一次海侵。西部的重矿物组合为绿帘石－钛铁矿－赤褐铁矿－灰色－磁铁矿，东部的重矿物组合为钛铁矿－绿帘石－锆石－磷灰石－石榴子石，表明东部更多地受到长江的影响。

**3. 晚更新世灌南组**

根据地层划分依据，将灌南组的底界置于末次间冰期，即 0.126Ma，将顶界置于第一硬土层的顶界。全区共受到两次海侵，分别为 MIS5 阶段的太湖海侵和 MIS3 阶段的滆湖海侵。

灌南组下段（晚更新世早期）：地层埋深 20～55m，厚 1～16m，全区均有分布，对应太湖海侵，为灰色黏土的潮上带及灰色粉砂与黏土互层、粉砂、粉砂夹黏土的潮间带，发现大量有孔虫，以 *Ammonia beccarii/Ammonia tepida* Group、*Nonion* sp. 为主，见少量 *Elphidium* sp.、*Nonionella jacksonensis*、典型的半咸水浅水种 *Pseudononionella variabilis*、*Stomoloculina multangula*、*Cribrononion* sp.、*Elphidiella kiangsuensis*、*Elphidium advenum*、*Brizalina* sp. 等，零星见陆相介形虫 *Ilyocypris* sp.，TZK10 孔 31.4m 处的陆相螺壳 OSL 的年龄为 129.8±13.43cal ka BP。

灌南组上段（晚更新世晚期）：可分为三段，分别对应 MIS4、MIS3、MIS2，下段地层埋深 20～43m，厚 1～25m，为棕黄色、灰黄色黏土、含粉砂黏土的泛滥相，对应第二硬土层，局部层位见少量 *Candona* sp.、*Candoniella* sp.、单顶级动物群 *Candoniella albicans*，为气候较冷的湖相。中段地层埋深 15～31m，厚 4～22m，对应滆湖海侵。为灰色粉砂的潮下带、灰色黏土的潮上带及灰色粉砂夹黏土、黏土夹粉砂、粉砂与黏土互层的潮间带，见大量有孔虫，以 *Ammonia beccarii/Ammonia tepida* Group、*Nonion tisburyensis* 为主，见少量 的 *Cribrononion incertum*、*Nonion* sp.、*Elphidium* sp.、*Elphidiella kiangsuensis*、*Elphidium advenum*、*Bolivina* sp.，见典型的半咸水指示种 *Pseudononionella variabilis* 及 *Stomoloculina multangula*，见少量陆相介形虫 *Ilyocypris* sp.、*Candoniella albicans*、*Ilyocypris bradyi*。上段地层埋深 6～17m，厚 2～11m，为第一硬土层，为棕黄色、灰黄色黏土、含粉砂黏土的泛滥相。

**4. 全新世淤尖组**

根据地层划分依据，淤尖组的底部为第一硬土层的顶部，地层埋深 2 ～ 12m，根据岩性特征、微体古生物组合、$^{14}$C 年龄，将淤尖组分为三段：

淤尖组下段（全新世早期）：灰色、青灰色黏土的湖沼相，局部地区发育陆相沼泽的泥炭层。

淤尖组中段（全新世中期）：灰黄色黏土的泛滥相、灰色黏土、粉砂质黏土、黏土质粉砂的潟湖相、灰色粉砂夹黏土、粉砂与黏土互层的潮坪相，含有少量的有孔虫，以 *Ammonia beccarii/Ammonia tepida* Group、*Nonion tisburyensis*、*Cribrononion* sp.、*Elphidium* sp.、*Florilus* sp. 为主。TZK10 孔 2.85m 处腐殖质的 AMS $^{14}$C 日历校正年龄为 8566±50cal a BP。

淤尖组上段（全新世晚期）：深灰色黏土的湖相，含有广生性种类的介形虫 *Candona* sp.、*Candoniella* sp.、*Chlamydotheca* sp.，与中部地层具有沉积间断。TZK10 孔 1.55m 处的陆相螺壳 AMS $^{14}$C 日历校正年龄为 576.5±30cal a BP。根据本书的 TZK9 及 TZK10 孔的古地磁结果及岩石地层对比，两孔的第四纪底界分别位于 268.1m、217.9m，早更新世早期和中期的界线为 183.85m、173.43m，早更新世中期和早更新世晚期的界线位于 144.68m、134.87m，早更新世和中更新世的界线位于 76.1m、84.45m。TZK10 孔 31.4m 处的陆相螺壳 OSL 的年龄为 129.8±13.43cal ka BP，中更新世和晚更新世的界线为大规模海侵的开始，即 MIS5 阶段。根据 TZK10 孔 2.85m、1.55m 处的 AMS $^{14}$C 日历校正年龄 8566±50cal a BP、576.5±30cal a BP，结合微体古生物资料，将灌南组和淤尖组的界线定为第一硬土层的顶部。

# 第三节　长三角沉积区地层

长三角沉积区主要指江都—泰州—海安一线以南的泰兴、黄桥、靖江地区，地表以全新世三角洲沉积物为主，第四纪地层厚度一般为 200 ～ 300m，在该地层小区共施工了 8 个孔，包括标准孔 TZK1、TZK2、TZK3，控制孔 TZK4、TZK5、TZK6、TZK11、TZK13。

本区第四纪地层厚度一般为 210 ～ 295m，物源主要来自长江及南部山区，可识别出一次海侵，地层自下而上划分为中新世—上新世盐城组、早更新世海门组、中更新世启东组、晚更新世早期昆山组、晚更新世晚期滆湖组、全新世如东组。

**1. 早更新世海门组**

按照第四纪地层划分的原则和依据，海门组的底界为 M/G 界线，顶界为 B/M 界线，海门组的三个段之间的界线分别对应加勒米洛和奥杜威亚正极性事件。西南地势较高，以砂砾层与中粗砂、细砂、黏土混杂堆积的冲洪积及灰色砾质中粗砂、中粗砂、细砂的河床相为主，局部夹棕黄色黏土的泛滥相。物源主要来自南部山区及古长江，与下伏盐城组的灰绿色、棕红色黏土呈不整合接触。

海门组下段（早更新世早期）：地层埋深 210～300m，厚 40～95m，可识别 1～3 个由粗—细的沉积旋回，下部为砾石层、砂砾层、砾质中粗砂，含砾中粗砂、中粗砂、细砂、粉砂、黏土。重矿物组合为钛铁矿－绿帘石－辉石－榍石－石榴子石，南部和中部的物源主要来自南部山区，北部的物源来自古长江。

海门组中段（早更新世中期）：地层埋深 165～215m，厚 15～50m，可识别 1～2 个由粗—细的沉积旋回，为灰色、灰黄色细砂、中粗砂及含砾中粗砂、砂砾层的河床相，顶部为灰绿色、棕黄色、灰色黏土、含粉砂黏土的泛滥相，物质主要来源于古长江，重矿物组合为钛铁矿－赤褐铁矿－石榴子石－角闪石－磁铁矿。

海门组上段（早更新世晚期）：地层埋深 140～170m，厚 30～75m，可识别 1～2 个由粗—细的沉积旋回，为灰色、灰黄色细砂、中粗砂及含砾中粗砂、砂砾层的河床相，顶部为灰绿色、棕黄色、灰色黏土、含粉砂黏土的泛滥相，物质主要来源于古长江，重矿物组合为钛铁矿－石榴子石－赤褐铁矿－绿帘石－锆石。

**2. 中更新世启东组**

根据上述的中更新世和早更新世划分原则依据，将中更新世底界置于古地磁布容期与松山期分界，年龄相当于 0.78Ma，中更新世顶界置于末次间冰期，为 0.126Ma。长江主河道向南迁移，南部发育灰色砂砾层、砾质中粗砂的河床相、北部发育灰色中粗砂、细砂的边滩相。

启东组下段（中更新世早期）：地层埋深 75～115m，厚 5～40m，为黄灰色、灰色中粗砂、砾质中粗砂、砾石层的河床相，北部为灰色中粗砂的边滩相，最北部为灰绿色黏土、棕黄色、含粉砂黏土的泛滥相。重矿物组合为辉石－钛铁矿－赤褐铁矿－绿帘石－石榴子石。

启东组上段（中更新世晚期）：地层埋深 64～100m，厚 5～25m，黄灰色、灰色中粗砂、砾质中粗砂、砾石层的河床相，北部为灰色中粗砂、细砂的边滩相，最北部为棕黄色、灰绿色黏土、含粉砂黏土的泛滥相。TZK6 孔在 51.5m 的 OSL 年龄为 156.37±12.85 ka BP。

**3. 晚更新世早期昆山组**

根据地层划分依据，将昆山组的底界置于末次间冰期，即 0.126Ma，将顶界置于第二硬土层的底界，为 75ka。地层埋深 48～92m，厚 1～20m，发育河口相的灰色粉砂、细砂，最北部为棕黄色、棕红色粉砂与黏土互层的天然堤。重矿物组合为磁铁矿－钛铁矿－辉石－石榴子石－绿帘石。

**4. 晚更新世晚期滆湖组**

根据地层划分依据，将滆湖组的底界置于末次冰期，即 75ka，将顶界置于第一硬土层的顶部。

滆湖组下段（晚更新世晚期早时）：地层埋深 30～85m，厚 1～22m，为河床相的灰色、灰黄色含砾中粗砂、砾石层，最北部为泛滥相的棕黄色、棕红色黏土、含粉砂黏土。

滆湖组中段（晚更新世晚期中时）：地层埋深 25～80m，厚 1～13m，发育河口相的灰色粉砂、细砂，最北部为棕黄色、棕红色粉砂与黏土互层的天然堤。重矿物组合为磁铁矿 - 辉石 - 绿帘石 - 角闪石 - 榍石。

漏湖组上段（晚更新世晚期晚时）：地层埋深 15～76m，厚 1～15m，为河床相的灰色、黄灰色含砾中粗砂，最北部为棕黄色、灰绿色黏土、含粉砂黏土的泛滥相。

**5. 全新世如东组**

根据地层划分依据，如东组的底部为第一硬土层的顶部，地层埋深 10～60m，根据岩性特征、微体古生物组合、AMS $^{14}$C 年龄，可以分为三段。

如东组下段（全新世早期）：湖沼相的灰色、青灰色黏土，以及潮坪相的灰色粉砂与黏土互层，有孔虫丰度很低，为 1～12 枚/50g，简单分异度为 1～3，物种简单，个体较小，见少量的 *Ammonia* sp.、*Cribrononion* sp.、*Cribrononion incertum* 及少量贝壳碎片。 TZK2 孔 36.85m 处的 OSL 年龄为 10.68±1cal ka BP。

如东组中段（全新世中期）：为潮坪相的灰色粉砂与黏土互层及河口砂坝的灰色粉砂的，有孔虫丰度变化较大，为 0～207 枚/50g，简单分异度为 0～6，以喜暖浅水种 *Ammonia beccarii/Ammonia tepida* Group 为主， 见少量的 *Ammonia annectens*、*Ammonia* sp.、*Bulimina marginata*、*Nonion tisburyensis*、*Cribrononion incertum*、*Cribrononion porisuturalis*、*Elphidium advenum*、*Elphidiella kiangsuensis*、*Pseudorotalia gaimardii*、*Florilus* sp. 等，以及少量贝壳碎片。TZK6 孔 8.4m 处的贝壳 AMS $^{14}$C 日历校正年龄为 4247±35cal a BP。TZK3 孔 29m 处的贝壳 AMS $^{14}$C 日历校正年龄为 6623±40cal a BP。

如东组上段（全新世晚期）：黄灰色、灰黄色黏土质粉砂、粉砂的三角洲平原及潮上带。

依据已有钻孔沉积物的岩性组合及沉积相特征，将区内钻孔揭露的地层自上而下分为全新世如东组、晚更新世晚期漏湖组、晚更新世早期昆山组、中更新世启东组、早更新世海门组、中新世—上新世盐城组。根据 TZK1、TZK2、TZK3 孔的古地磁结果，结合岩石地层，划分长三角地区的第四纪和上新世的界线及早更新世和中更新世的界线。根据 TZK6 孔在 51.5m 的 OSL 年龄为 156.37±12.85ka BP，划分启东组和昆山组的界线。根据 TZK2 孔 36.85m 处的 OSL 年龄为 10.68±1ka BP、TZK6 孔 8.4m 处的贝壳 AMS $^{14}$C 日历校正年龄为 4247±35cal a BP、TZK3 孔 29m 处的贝壳 AMS $^{14}$C 日历校正年龄为 6623±40cal a BP，并结合微体古生物资料，将如东组的底界定为第一硬土层的顶部。

# 第四节　第四纪岩相古地理

研究区位于长三角顶部，新近纪以来，全区持续沉降，在河流、湖泊、海洋等多方面外力作用下，沉积了数百米厚的松散地层。由于沉积环境相互交替，沉积结构较为复杂。根据本次研究区内钻孔岩心的岩性、沉积构造特征、沉积物粒度变化、微体古生物数据，将该区沉积物划分为陆相沉积与海陆过渡相沉积。在早更新世—中更新世早期，测区以河流相、湖泊相为主，中更新世晚期以来，测区开始受到海洋的作用，以海陆交互相、河流相及海相沉积为主，湖相沉积为辅。

# 一、岩相特征

## 1. 陆相沉积

### 1）冲洪积相（DF）

冲洪积沉积最明显的特征是快速堆积，沉积物以砂砾石为主，含有大量的泥沙成分，大小混杂，分选差，岩性为含砾的含黏土粉砂和含砾的黏土（图 10-2）。本次工作主要在生祠堂幅和泰兴县幅及张甸公社幅的 TZK3、QZK5 的早更新世早期发现。冲洪积相的粒度表现出双峰或者三峰的特征，粗粒级的主峰位于 $-2.9 \sim 2.5\varPhi$（$7.5 \sim 0.175$mm），细粒的小峰位于 $4.6 \sim 9.3\varPhi$（$1.5 \sim 40$μm）；概率累积曲线存在 $1 \sim 2$ 个截点，下截点在 $-0.32 \sim 1.4\varPhi$（$0.375 \sim 1.25$mm），上截点在 $2.5 \sim 3.5\varPhi$（$0.09 \sim 0.175$mm）（图 10-3）。

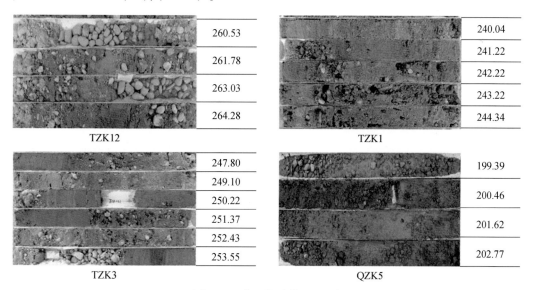

图 10-2　典型的冲洪积沉积物

### 2）河流相

河流沉积的重要特征是二元结构，垂向层序由下至上，粒度由粗变细，层理规模由大变小，底部具有冲刷面，构成典型的间断性正韵律或正旋回。河流相为测区内主要的沉积相类型，可见河床、边滩、天然堤及河漫滩（泛滥平原）四个亚相。本次工作在早更新世—末次冰期均存在。

（1）河床亚相：成分以陆源砂砾石为主，成分复杂，底部显示明显的冲刷界面，构

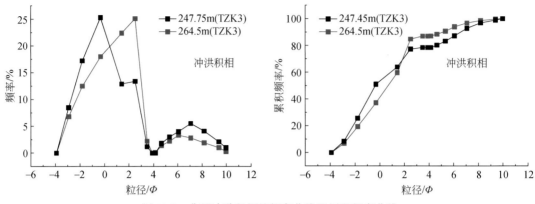

图 10-3　典型冲洪积相的频率曲线及累积频率曲线

成河流沉积单元的基底。在测区内为一套灰色－灰黄色砂砾石、砾质中粗砂、含砾石中粗砂层，为河床滞留沉积，砂砾层中可见平行层理、单斜层理，砾石粒径以 0.2 ～ 1cm 为主，零星见 2 ～ 5cm 的大砾石，为之前冲洪积沉积物的再沉积（图 10-4）。河床相的粒度表现出双峰的特征，粗粒级的主峰位于 $-2.9 ～ 2.5\varPhi$（$7.5 ～ 0.175mm$），细粒的小峰位于 $4.6 ～ 8.1\varPhi$（$40 ～ 3.5\mu m$）；概率累积曲线存在 1 ～ 2 个截点，截点在 $1.4 ～ 2.5\varPhi$（$0.175 ～ 0.375mm$），与冲洪积相相比，砾石分选更好（图 10-5）。

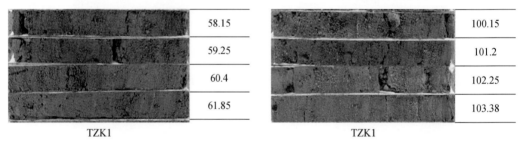

图 10-4　典型的河床亚相沉积物

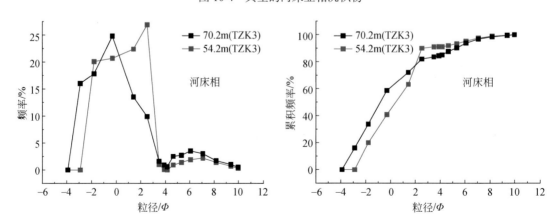

图 10-5　典型河床亚相的频率曲线及累积频率曲线

（2）边滩亚相：边滩是河流迁移和弯曲过程中在河弯内侧形成的侧向加积物。沉积物以砂为主，混有砾、粉砂和黏土，沉积物成分复杂，层理发育。在测区内以灰色－黄灰色细砂－中砂为主，可见平行层理（图10-6）。边滩相的粒度表现出单峰或双峰的特征，粗粒级的主峰位于 $1.4 \sim 3.5\Phi$（$0.375 \sim 0.09$mm），细粒的小峰位于 $4.6 \sim 8.1\Phi$（$3.5 \sim 40\mu$m）；概率累积曲线存在 $1 \sim 2$ 个截点，截点在 $1.4 \sim 2.5\Phi$（$0.175 \sim 0.375$mm）（图10-7）。

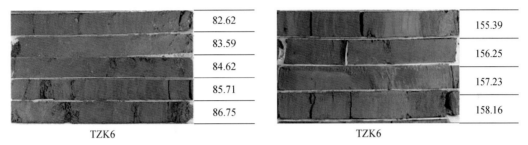

图 10-6　典型的边滩亚相沉积物

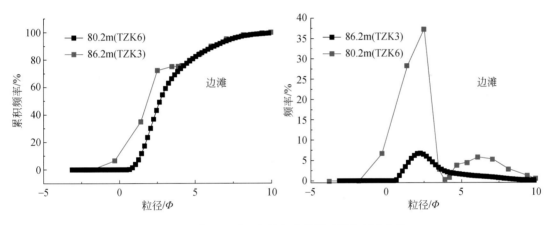

图 10-7　典型边滩亚相的频率曲线及累积频率曲线

（3）天然堤：测区主要发育粉砂与黏土互层、粉砂夹黏土的，颜色以灰黄色、棕黄色为主，水平层理发育，在早更新世的地层中发育的厚度较薄，TZK5、TZK6 在 MIS5、MIS3 阶段的最为典型（图10-8）。

（4）河漫滩亚相（泛滥平原）：河漫滩是在洪水期河水漫越河岸时所携带的沉积物堆积而成。沉积物主要为黏土，在测区内为黄褐色黏土、含粉砂黏土及含黏土粉砂，发育水平层理，铁锰质结核以及钙质结核（图10-9）。在研究区分布于里下河地区早更新世—晚更新世。含有少量陆相介形虫，*Ilyocypris bradyi* 及 *Ilyocypris* sp. 及植物碎片。泛滥相的粒度表现出单峰或双峰的特征，粗粒级的主峰位于 $1.4 \sim 3.5\Phi$（$0.375 \sim 0.09$mm），细粒的小峰位于 $4.6 \sim 8.1\Phi$（$3.5 \sim 40\mu$m）；概率累积曲线存在 $1 \sim 2$ 个截点，截点在 $1.4 \sim 2.5\Phi$（$0.175 \sim 0.375$mm）（图10-10）。

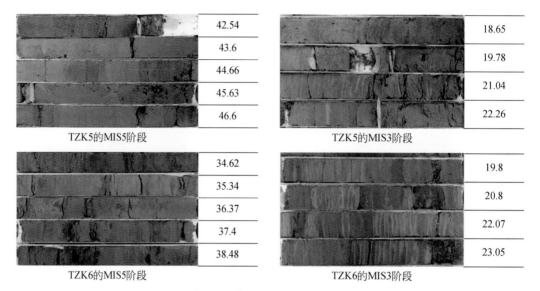

图 10-8 典型的天然堤亚相沉积物

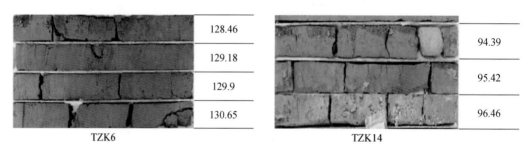

图 10-9 典型的泛滥亚相沉积物

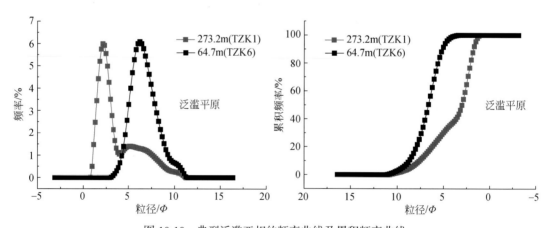

图 10-10 典型泛滥亚相的频率曲线及累积频率曲线

3）湖相

以灰色黏土、含粉砂黏土、粉砂质黏土为主。通常与河流相伴而生，组成河湖相沉积。由于还原作用，颜色发绿，含有钙质结核，主要分布于里下河地区全新世早期和晚期，含有陆相介形虫，含有广生性种类的介形虫 *Candona* sp.、*Candoniella* sp.、*Chlamydotheca* sp.（图 10-11）。

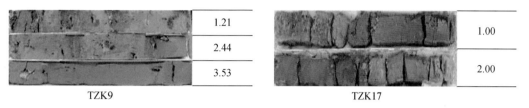

图 10-11　典型的湖相沉积物

### 2. 海陆交互相沉积

1）三角洲相

三角洲相位于海陆之间的过渡地带，是海陆过渡相组成的重要部分。它是河流水流与海洋波浪、潮汐共同作用的产物。在测区内岩性为灰色、黄灰色粉砂质黏土、黏土质粉砂、粉砂、细砂，具向上变细的层序，发育水平层理、交错层理及波状层理，含有孔虫，主要为广盐性和小个体属种，丰度变化较大，具有河口湾环境的特点。

（1）三角洲平原：为一近海的广阔而低平的地区，包括分流河道处至海岸线之间的水上部分。研究区内主要发育灰黄色黏土质粉砂、粉砂，在研究区内主要存在于长三角全新世晚期（图 10-12）。

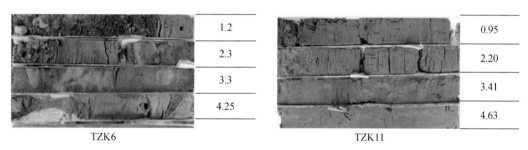

图 10-12　典型的三角洲平原沉积物

（2）三角洲前缘：是河流的建设作用和海洋的破坏作用相互影响和斗争最激烈的地带，砂的成分为纯净的石英砂，分选、磨圆都很好，成熟度很高，砂体的形态受该地区复杂的水动力影响，随着远离分流河道河口区，海洋作用不断增大，可区分出分流河口砂坝、远砂坝及前缘席状砂坝，本研究区主要发育河口砂坝。

河口砂坝是分流河道入海口附近形成的砂质浅滩，水流离开河道进入海盆时，由于流速减小，负载能力降低，大量底负载迅速沉积而形成的一系列砂体，岩性主要为砂及粉砂，分选、磨圆都很好，缺乏泥质组分，常见沉积构造为槽状、楔状交错层理，底质活动性大，不利于底栖生物栖息，化石稀少，偶有异地搬运来的破碎介壳分布在坝顶和坝的上部。岩性以灰色粉砂、粉细砂、细粉砂为主，有孔虫丰度变化较大，为 0～207 枚 /50g，简单分异度为 0～6，以喜暖浅水种 *Ammonia beccarii/Ammonia tepida* Group 为主，见少量的 *Ammonia annectens*、*Ammonia* sp.、*Bulimina marginata*、*Nonion tisburyensis*、*Cribrononion incertum*、*Cribrononion porisuturalis*、*Elphidium advenum*、*Elphidiella kiangsuensis*、*Pseudorotalia gaimardii*、*Florilus* sp. 等（图 10-13）。

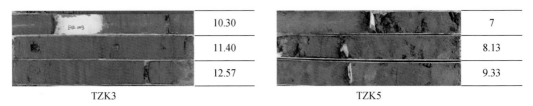

| TZK3 | | TZK5 | |
|---|---|---|---|
| | 10.30 | | 7 |
| | 11.40 | | 8.13 |
| | 12.57 | | 9.33 |

图 10-13　典型的河口砂坝沉积物

2）潟湖相

潟湖相分布于古海岸线内侧洼地，与广阔的海洋一线潮汐相通，当高潮位来临时，海水进入，岩性为淤泥质含粉砂黏土，含海相有孔虫、介形虫，形态较小。主要分布于里下河地区的晚更新世时期。岩性为灰褐色、灰黄色、灰色黏土、含粉砂黏土、粉砂质黏土、黏土质粉砂，有孔虫丰度较低，为 1～2 枚 /50g，简单分异度为 1～2，零星见 *Ammonia* sp. 和 *Cribrononion* sp.，见少量陆相介形虫 *Candoniella albicans*，大量植物碎片。

3）潮坪相

（1）潮下带：位于平均低潮线以下，向下延至好天气浪基面附近与陆架浅海逐渐过渡，潮下带的生物以正常海底栖生物为主，受波浪干扰较小，常有大量潜穴等生物遗迹。因潮流活动期和平静期交替而呈砂泥互层的特点。

（2）潮间带：位于平均低潮线和平均高潮线之间，在潮流活动期与静止期交替以及周期性暴露的情况下，发育了很多具有典型特征的潮汐成因沉积构造，砂质小波痕的交错层理之间夹有很多薄层泥质脉状体。又可分为低潮坪、中潮坪、高潮坪（图 10-14）。有孔虫的最高丰度出现在高潮坪，在中、低潮坪中通常贫乏，甚至缺失。

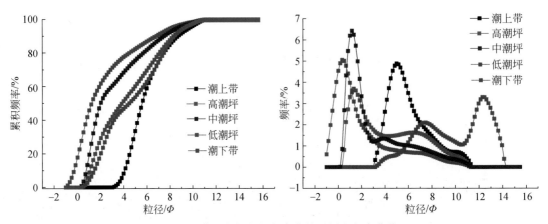

图 10-14　典型潮坪相的频率曲线及累积频率曲线

①低潮坪：平均有一半时间被海水淹没，一般发育在近海地势较低地带，主要沉积物为细砂粉砂。灰色细砂、粉砂、粉砂与含黏土粉砂互层，局部层位含黏土呈薄层状产出，呈千层饼状（图 10-15）。零星含有 *Ammonia* sp.、*Cribrononion* sp.、*Cribrononion incertum*，个体非常小，含有植物碎片。

图 10-15　典型的低潮坪沉积物

②中潮坪：平均有一半左右时间被淹没，沉积物悬浮载荷与床沙载荷交替出现，为砂泥质沉积，潮汐层理发育，似千层饼（图 10-16）。岩性为灰色–浅灰色粉砂、灰色粉砂夹薄层黏土，有孔虫丰度高，为 104 ～ 159 枚 /50g，简单分异度为 2 ～ 5，物种较简单，以喜暖浅水种 *Ammonia beccarii*/*Ammonia tepida* Group 为主，见少量的 *Cribrononion incertum*、*Elphidium advenum*、*Bolivina* sp.、*Pseudorotalia gaimardii*。

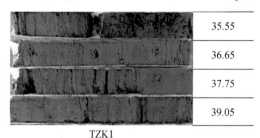

图 10-16　典型的中潮坪沉积物

③高潮坪：大部分时间暴露在水上，高潮时淹没时间短暂，水浅流缓，低能，沉积物以悬浮质泥为主，仅有少量粉砂，底质细而富有机质，生物比较丰富，生物扰动构造强烈而普遍（图 10-17）。

图 10-17　典型的高潮坪沉积物

（3）潮上带：位于平均高潮线以上地带，只有在特大高潮或风暴潮才被海水淹没，基本上为暴露环境，受气候影响明显（图 10-18）。以喜暖浅水种 *Ammonia beccarii/ Ammonia tepida* Group 为主，见少量的 *Cribrononion incertum*、*Nonion* sp.、*Globigerinoides ruber*、*Nonionella jacksonensis*，见陆相介形虫，为广盐类的 *Candoniella albicans*。

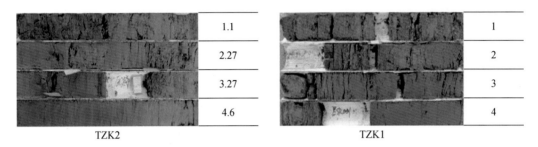

| | TZK2 | | TZK1 |
|---|---|---|---|
| | 1.1 | | 1 |
| | 2.27 | | 2 |
| | 3.27 | | 3 |
| | 4.6 | | 4 |

图 10-18　典型的潮上带沉积物

4）河口相

随着海平面上升，长江河道位于海面之下，河口不断后退，海水泛滥两侧形成洪泛平原，从而形成了向海张开的喇叭形河口湾。在河口湾形成过程中，海面上升导致长江基准面抬高，河口以上河段出现回水，水流速度降低，河床内产生溯源沉积。沉积物既有河流特征，同时又受潮汐、波浪作用影响，构成海侵河流沉积体系，因此，河口相是海侵过程中形成的河流沉积组合。主要分布在长三角地区晚更新世和全新世的地层中。

## 二、第四纪岩相结构特征

本次收集了测区 20 个第四纪钻孔，结合本次施工的 17 个钻孔，以已确定第四纪地层的钻孔（标准孔）为核心，根据岩性、颜色、沉积相变及埋藏深度与距离较近的钻孔对比，并依次向外延伸。编制了 5 条第四系岩相结构剖面，揭示了第四纪沉积物的结构特征、时空分布及古地理演变规律。以南北向第四系岩相剖面（ZKJ47-TZS04-TZK9-TZK7-TZK6-ZKJ46-LP4-TZK2-TZK13-ZKJ28-TZK11-ZKJ36）为例（图 10-19）。

早更新世早期，地层埋深 210 ~ 295m，厚 45 ~ 85m，由北向南分别发育棕黄色、黄绿色黏土、含钙质结核黏土（ZKJ47）、棕黄色、灰黄色含砾中粗砂的河床相（TZS04）-中厚层灰黄色、灰绿色黏土的泛滥相、黄灰色、灰黄色中粗砂、中细砂的边滩相（TZK9）-中厚层棕黄色、灰黄色黏土的泛滥相、厚层灰色含砾中粗砂、砾质中粗砂、中粗砂的河床相沉积-薄层棕黄色黏土、含粉砂黏土、粉砂质黏土的泛滥相（TZK7、TZK6）、厚层灰色夹黄灰色、灰绿色砾石层、砂砾层、砾质中粗砂，局部夹黏土的冲洪积相沉积，与下部上新世沉积的棕红、棕黄、灰绿色黏土呈不整合接触。

早更新世中期，地层埋深 165 ~ 220m，厚 15 ~ 80m，北部-下部分别发育薄层含砾中粗砂的河床相沉积（ZKJ47、TZS04、TZK9）、薄层灰黄色细砂的边滩相（TZK7），

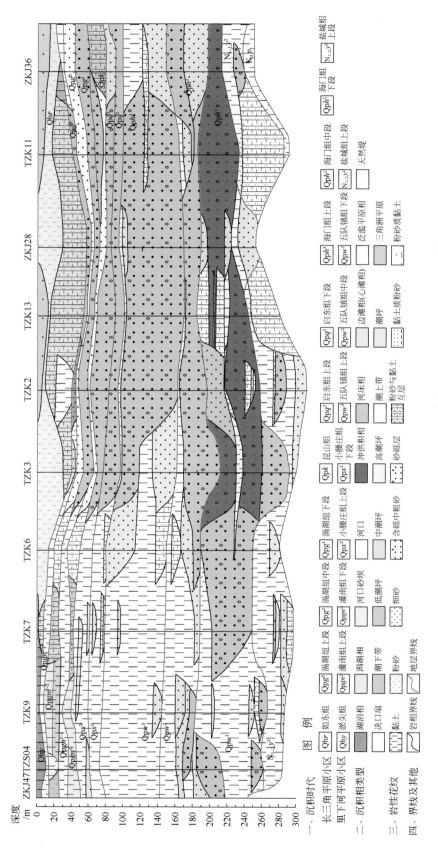

图 10-19 ZKJ47-TZS04-TZK9-TZK7-TZK6-ZKJ46-LP4-TZK2-TZK13-ZKJ28-TZK11-ZKJ36第四系岩相剖面

上部发育中－薄层灰黄色、灰色含黏土粉砂、粉砂质黏土、黏土的泛滥相沉积，南部自下而上分别发育灰色砂砾层的河床相、灰色中粗砂、细砂的边滩相，局部地区发育棕黄色、灰绿色含粉砂黏土、黏土的泛滥相。

早更新世晚期，地层埋深 140～175m，厚 60～95m，北部（ZKJ47、TZS04、TZK9、TZK7）以厚层灰黄色、棕黄色黏土、含粉砂黏土的泛滥相为主，局部夹灰色薄层黄色细砂的边滩相及薄层灰色粉砂夹粉砂质黏土的天然堤；中部发育灰黄色细砂的边滩相（TZK6、TZK3）；南部河流发育，河道较宽自下而上分别发育厚层灰色砾质中粗砂、含砾中粗砂的河床相、中粗砂、细砂的边滩相、薄层灰绿色、灰色黏土的泛滥相。

中更新世早期，地层埋深 75～105m，厚 10～31m，北部-中部发育中厚层棕黄色、灰黄色黏土、粉砂质黏土的泛滥相沉积，南部发育灰黄色、灰色含砾中粗砂、中粗砂的河床相、边滩相沉积，主河床北界的位置位于 TZK3 及 TZK6 之间。

中更新世晚期，地层埋深 55～95m，厚 5～26m，北部以灰色、青灰色黏土的泛滥相为主，中部夹灰色黏土夹粉砂的高潮坪沉积（TZK9、TZK7），中部（TZK6 为棕黄色粉砂夹黏土、粉砂与黏土互层的天然堤沉积，南部发育灰色砂砾层、砾质中粗砂的河床相。

晚更新世早期，地层埋深 30～82m，厚 1～20m，由北向南分别发育灰色粉砂质黏土的高潮坪（ZKJ47、TZS04、TZK9）、灰黄色粉砂与黏土互层的中潮坪（TZK7）、棕黄色粉砂与黏土互层的天然堤（TZK6）、灰色中细砂、粉砂的河口相沉积。

晚更新世晚期早时，地层埋深 25～78m，厚 6～15m，北部-中部发育棕黄色、棕红色、灰黄色黏土、含粉砂黏土的泛滥相，南部发育灰色砂砾层、砾质中粗砂的河床相。晚更新世晚期中时，地层埋深 20～70m，厚 1～15m，由北向南分别发育灰色粉砂夹黏土的潮下带（ZKJ47）、灰色黏土的高潮坪（TZS04、TZK9）灰色粉砂与黏土互层的中潮坪（TZK7）、棕黄色粉砂夹黏土、粉砂与黏土互层的天然堤（TZK5）、灰色中细砂的河口相。晚更新世晚期晚时，地层埋深 8～65m，厚 0.5～7m，北部-中部发育棕黄色、棕红色、灰黄色黏土、含粉砂黏土的泛滥相，南部发育灰色砂砾层、砾质中粗砂的河床相。

全新世时期，地层埋深 5～60m，北高南低，北部-中部自下而上分别发育灰色黏土的湖沼相，灰色、褐灰色黏土、粉砂质黏土的潟湖相/灰色黏土质粉砂的潮坪相；南部自下而上分别发育灰色黏土的湖沼相/灰色粉砂、粉砂夹黏土的潮坪相、灰色粉砂的河口砂坝/灰色黏土夹粉砂的高潮坪、灰黄色黏土质粉砂的三角洲平原/黄灰色粉砂质黏土的潮上带。

## 三、第四纪岩相古地理

### 1. 早更新世

1）早更新世早期

第四纪初期，长江水流因受新近纪湖盆边缘山区仪征、镇江山体约束，水动力大，在泰州市—姜堰区一带形成一套砂砾层的古河床沉积，识别1～3个由粗—细的沉积旋回。

由西部丘陵向东发育一条河道，位于TZK10—TZK17—TZS04一线，底部沉积厚5m的含砾中粗砂，重矿物组合为钛铁矿－绿帘石－赤褐铁矿－锆石－磁铁矿，河床相的物质主要来自于西部丘陵地区（程瑜等，2016）。河床的两侧发育厚层黏土的泛滥相。

泰州—桥头镇一带发育粉细砂、粉砂夹含粉砂黏土的边滩相堆积。重矿物组合为钛铁矿－绿帘石－锆石－赤褐铁矿－金红石。物质来源为长江和西部丘陵的混合。

在本区的西南部江阴及东南部常州，为基岩剥蚀区，在生祠堂镇—新街镇一带发育山前冲洪积沉积，砾石、砂质成分混杂，分选较差，重矿物组合为钛铁矿－绿帘石－辉石－榍石－石榴子石（图10-20）。

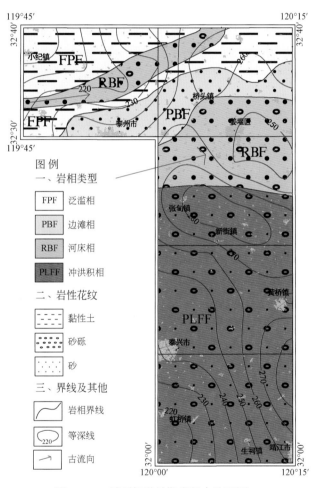

图例

一、岩相类型

| FPF | 泛滥相 |
| PBF | 边滩相 |
| RBF | 河床相 |
| PLFF | 冲洪积相 |

二、岩性花纹

黏性土

砂砾

砂

三、界线及其他

岩相界线

等深线

古流向

图10-20 早更新世早期岩相古地理图

2）早更新世中期

由于早更新世早期的削高填低作用，长江逐渐加宽成不规则喇叭形曲流，影响了靖江—姜堰一带，具有河床的二元结构。识别1～2个由粗—细的沉积旋回，下部为灰色、灰黄色细砂、中粗砂及含砾中粗砂、砂砾层的河床相，顶部为灰绿色、棕黄色、灰色黏土、含粉砂黏土的泛滥相，物质主要来源于古长江，重矿物组合为钛铁矿－赤褐铁矿－石榴子石－角闪石－磁铁矿。

北部里下河地区，由于扬州西北部和西部丘陵山区的流水侵蚀，搬运了大量的泥沙，形成了里下河泛滥平原，在 ZKJ44—ZKJ47 一带发育河道沉积，以粉细砂为主，含有少量砾石，重矿物组合为钛铁矿－绿帘石－赤褐铁矿－锆石－磁铁矿。两侧分别为边滩沉积（图 10-21）。

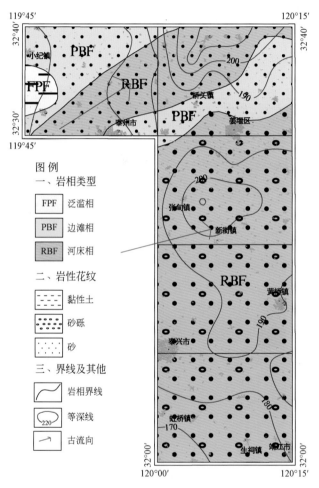

图 10-21　早更新世中期岩相古地理图

3）早更新世晚期

由于区域性气候向寒冷方向发展，泰州—姜堰—靖江一带为长江主河床沉积，识别 1～2 个由粗—细的沉积旋回，为灰色、灰黄色细砂、中粗砂及含砾中粗砂、砂砾层的河床相，顶部为灰绿色、棕黄色、灰色黏土、含粉砂黏土的泛滥相，重矿物组合为钛铁矿－石榴子石－赤褐铁矿－绿帘石－锆石。向北依次为边滩相及泛滥相沉积，里下河西部的重矿物组合为绿帘石－钛铁矿－磁铁矿－赤褐铁矿－角闪石，而东部的重矿物组合为钛铁矿－绿帘石－磷灰石－锆石－磁铁矿，表明物源有差异，东部的物源更多地来自中酸性岩浆岩，为长江和西部丘陵山区的混合（图10-22）。

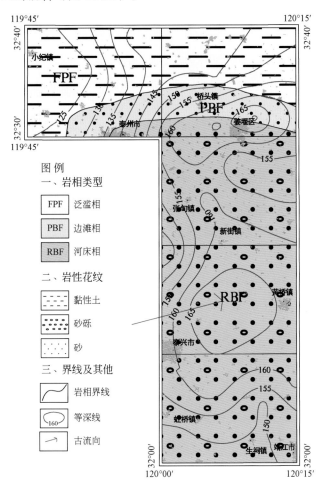

图 10-22　早更新世晚期岩相古地理图

## 2. 中更新世

1）中更新世早期

气候开始回暖，河床的下蚀作用和侧蚀作用交替变化，河床不断向南迁移，至张甸镇一带，为黄灰色、灰色中粗砂、砾质中粗砂、砾石层的河床相，重矿物组合为辉石－钛铁矿－赤褐铁矿－绿帘石－石榴子石。北部为灰色中粗砂的边滩相，重矿物组合为钛铁矿－磁铁矿－锆石－绿帘石－石榴子石。

由长江和西部丘陵山区的共同作用，在 ZKJ44—TZK17 一带发育河道，为灰黄色、灰色粉砂、细砂，局部夹含砾中粗砂的河床相，重矿物组合为钛铁矿－绿帘石－角闪石－赤褐铁矿－辉石。其北部为泛滥相沉积（图10-23），区域性植被为常绿落叶阔叶混交林与森林－森林草原的植被景观交替出现，气候波动强烈，冷暖交替。

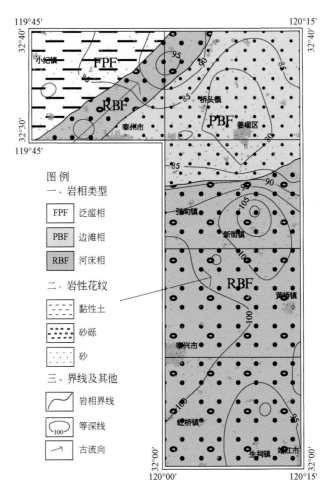

图 10-23 中更新世早期岩相古地理图

2）中更新世晚期

全球气候继续变冷，靖江—张甸镇一带发育黄灰色、灰色中粗砂、砾质中粗砂、砾石层的河床相，北部为灰色中粗砂、细砂的边滩相，最北部为棕黄色、灰绿色黏土、含粉砂黏土的泛滥相。

里下河地区为巨厚的棕黄色、棕红色、灰绿色黏土、含粉砂黏土的泛滥相，见陆相介形虫 *Candoniella albicans*、*Candona* sp.、*Ilyocypris* spp.、*Ilyocypris bradyi*、*Limnocythere* sp.，重矿物组合为绿帘石－钛铁矿－赤褐铁矿－灰色－磁铁矿。东部含有有孔虫，以 *Ammonia beccarii/Ammonia tepida* Group 为主，见少量的 *Nonion tisburyensis*、*Florilus* sp.，为该地区的第一次海侵（图 10-24）。重矿物组合为钛铁矿－绿帘石－锆石－磷灰石－石榴子石。区域性植被景观为常绿落叶阔叶混交林，地方性植被为盐生草甸，气候波动强烈，冷暖交替。

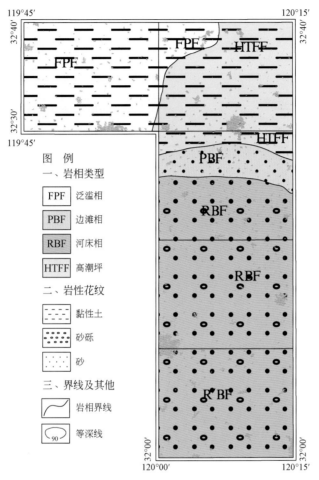

图 10-24　中更新世晚期岩相古地理图

### 3. 晚更新世

1）晚更新世早期

全球气候变暖，海平面上升（Lambeck and Chappell，2001；王张华等，2004；Miller *et al.*，2005），里下河地区受到海水影响，港口幅最西边为潮上带，港口幅中部发育灰色粉砂的低潮坪，港口幅东部及泰县幅北部发育黏土夹粉砂的高潮坪，桥头镇—姜堰区一带为中潮坪，含有大量有孔虫，以 *Ammonia beccarii/Ammonia tepida* Group、*Nonion* spp. 为主，见少量 *Elphidium* spp.、*Nonionella jacksonensis*，以及典型的半咸水浅水种 *Pseudononionella variabilis*、*Stomoloculina multangula*、*Cribrononion* spp.、*Elphidiella kiangsuensis*、*Elphidium advenum*、*Brizalina* sp. 等，零星见陆相介形虫 *Ilyocypris* sp.。TZK5—TZK6 一带地势较高发育棕黄色粉砂与黏土互层天然堤，阻隔了海水向南的通道。张甸镇—靖江一带为长江的主河谷，沉积较厚的粉砂、细砂层的河口相，大部分地层被后期的河道侵蚀，仅保存 0.5～5m 的沉积物，未发现有孔虫。此段前期孢粉组合以青冈属 - 栎属 - 榆属 - 蒿属 - 莎草科为主，气候环境较为温暖湿润，后期以莎草科－香蒲为主，气候趋于寒冷，湿度也有所降低，但干湿变化幅度不大（郭平，2004；萧家仪等，2005）（图10-25）。

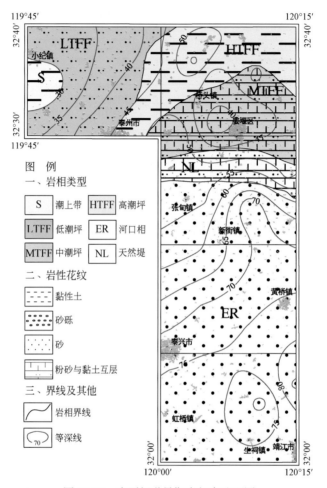

图 10-25　晚更新世早期岩相古地理图

2）晚更新世晚期早时

全球温度下降，海岸线向东迁移（王靖泰和汪品先，1980），长江进入以垂向侵蚀为主的发育阶段，小纪镇—姜堰区一带为灰黄色、棕黄色黏土的泛滥沉积，局部地层中见少量 *Candona* sp.、*Candoniella* sp.、单顶级动物群 *Candoniella albicans.*，为气候较冷的湖相。以莎草科、蒿属为主，气候变冷变干（郭平，2004；萧家仪等，2005）。张甸镇—靖江一带为砂砾层、含砾中粗砂的河床沉积（图10-26）。

3）晚更新世晚期中时

全球气候变暖，海平面上升（赵希涛等，1979；杨怀仁和谢志仁，1984；杨达源等，2004；顾家伟，2006；陈宇坤等，2008；Liu *et al.*，2010；Yi *et al.*，2012；Wang *et al.*，2013，2014；Sun *et al.*，2015），海水自东向西再一次影响到本区，自东向西分别发育潮

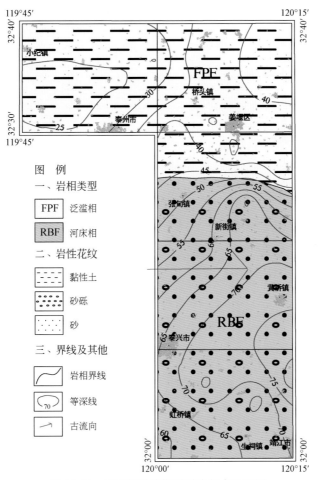

图 10-26　晚更新世晚期早时岩相古地理图

下带、低潮坪、中潮坪、高潮坪、潮上带，受到过渡段 TZK5—TZK6 一带天然堤的影响，在泰州市—姜堰区一带发育高潮坪。见大量有孔虫，以 *Ammonia beccarii/Ammonia tepida* Group、*Nonion tisburyensis* 为主，见少量的 *Cribrononion incertum*、*Nonion* spp.、*Elphidium* spp.、*Elphidiella kiangsuensis*、*Elphidium advenum*、*Bolivina* sp.，见典型的半咸水指示种 *Pseudononionella variabilis* 及 *Stomoloculina multangula*，见少量陆相介形虫 *Ilyocypris* sp.、*Candoniella albicans*、*Ilyocypris bradyi*。孢粉组合为松属-青冈属-禾本科-蒿属-莎草科，气候较为暖湿，其间也有多次干冷波动（郭平，2004；萧家仪等，2005）。张甸镇—靖江一带为长江的主河谷，沉积较厚的粉砂、细砂层的河口相，大部分地层被后期的河道侵蚀，仅保存 0.5～5m 的沉积物，未发现有孔虫（图 10-27）。

　　4）晚更新世晚期晚时

　　全球温度再次下降，海岸线逐渐东退，长江进入以垂向侵蚀为主的发育阶段（李从先和张桂甲，1996a，1996b），小纪镇—姜堰区一带为灰黄色、棕黄色黏土的第一硬黏土层（邓兵等，2004），孢粉含量极低且个体较小，植被稀疏、气候寒冷干燥（郭平，2004；

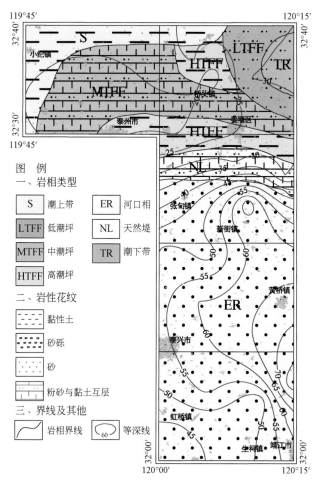

图 10-27　晚更新世中时岩相古地理图

萧家仪等，2005）。

张甸镇—靖江一带为砂砾层、含砾中粗砂的河床沉积。孢粉组合有禾本科 - 莎草科 -
落叶栎 - 松属、禾本科 - 落叶栎 - 松属 - 蒿属和莎草科 - 落叶栎 - 香蒲孢粉，低地为平原
区草甸，而周边的山地有针阔叶混交林分布（图 10-28）。

**4. 全新世**

1）全新世早期

全新世早期，北半球夏季太阳辐射处于高值（Berger and Loutre，1991），全球温
度升高（Marcott et al.，2013），冰雪快速消融，长三角地区海平面快速上升（李从先
和闵秋宝，1981；李从先等，1986；严钦尚等，1987；程瑜等，2018），长三角地区以
灰色、青灰色黏土的湖沼相，以及灰色粉砂与黏土互层的潮坪相为主，潮坪相中的有孔
虫丰度很低，为 1 ～ 12 枚 /50g，简单分异度为 1 ～ 3，物种简单，个体较小，见少量的
*Ammonia* sp.、*Cribrononion* sp.、*Cribrononion incertum* 及少量贝壳碎片。木本植物花粉
占优势地位，主要由松属、栲属、石栎属、青冈属、落叶栎构成，植被为亚热带落叶阔叶林，

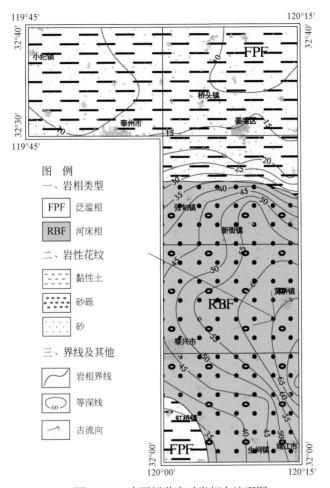

图 10-28　晚更新世晚时岩相古地理图

气候较暖较湿（图 10-29）。

　　里下河地区为灰色、青灰色黏土的湖沼相，局部地区发育陆相沼泽的泥炭层。该时期的植被类型是以相对喜湿的草本禾本科和喜热的常绿阔叶乔木水青冈属为建群种的森林草原植被类型，本阶段该地区温度和降水较高，气候生态环境较为优越，为常绿阔叶林-草原。

　　2）全新世中期

　　7500a 左右长江口退至镇江、扬州一带，形成了以长江古河谷为主体的河口湾（王靖泰等，1981；郭蓄民，1983），海平面上升减缓，长江带来的巨量泥沙在河口堆积，其堆积速度远远超过海平面速度，沉积物以加积为主，在红桥、黄桥一带形成河口砂坝（李从先等，1979；王靖泰等，1981；吴标云和李从先，1987；李从先和张桂甲，1996a；Hori et al.，2001a，2001b，2002a，2002b；Uehara et al.，2002；Li et al.，2009；李保华等，2010；Song et al.，2013）。砂坝的出现，迫使河流分叉，形成南北两个岔道，由于长江口属于中等强度的潮汐河口，在科里奥利力的作用下，北岔道逐渐衰退，最后完全淤塞，

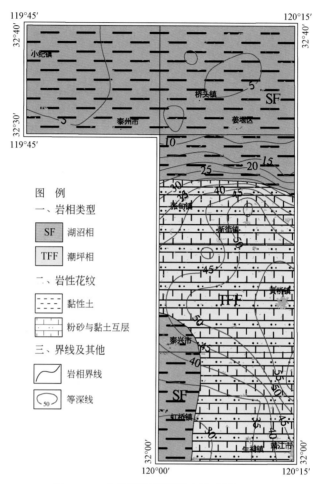

图 10-29　全新世早期岩相古地理图

使河口砂坝与北岸陆地连接起来，成为三角洲平原。南岔道则逐渐增强，成为主要的泄水、输砂河道（吴标云和李从先，1987；程瑜等，2018）。

全新世中期，长三角小区为河口砂坝的南岔道，为灰色粉砂与黏土互层的，类似现在崇明岛南侧的长江，受潮汐作用影响，河道东侧为灰色粉砂的河口砂坝（图 10-30），有孔虫丰度变化较大，为 0 ~ 207 枚 /50g，简单分异度为 0 ~ 6，以喜暖浅水种 *Ammonia beccarii/Ammonia tepida* Group 为 主，见少量的 *Ammonia annectens*、*Ammonia* sp.、*Bulimina marginata*、*Nonion tisburyensis*、*Cribrononion incertum*、*Cribrononion porisuturalis*、*Elphidium advenum*、*Elphidiella kiangsuensis*、*Pseudorotalia gaimardii*、*Florilus* sp. 等，见少量贝壳碎片。植被为亚热带落叶阔叶 - 常绿阔叶混交林，气候整体温暖湿润（刘金陵，1996；Yi *et al.*，2003）。

里下河的中部和南部为灰色粉砂夹黏土、粉砂与黏土互层的分支河道，类似现在崇明岛的北侧，为北岔道；最西部为灰黄色黏土的泛滥相，研究区的其他部分为灰色黏土、

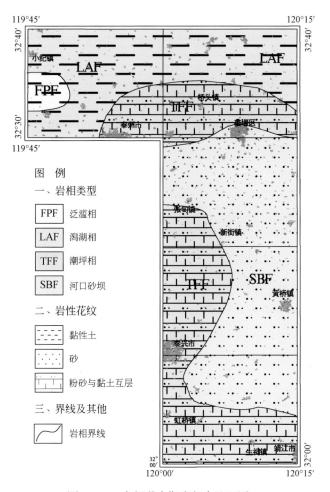

图 10-30 全新世中期岩相古地理图

粉砂质黏土、黏土质粉砂的潟湖相、含有少量的有孔虫，以 *Ammonia beccarii/Ammonia tepida* Group、*Nonion tisburyensis*、*Elphidium* sp.、*Cribrononion* sp.、*Florilus* sp. 为主。本研究区该时期的植被类型是以草本蒿属和常绿阔叶乔木栗属为建群种，此阶段植被类型为常绿阔叶林－草原。

3）全新世晚期

全新世晚期，长三角地区的海平面相对稳定，源源不断的沉积物被携带至河口，推进三角洲向海进积，此时三角洲的沉积速率超过海平面上升速率，三角洲沉积主要向海进积（李从先和范代读，2009）。长三角小区为黄灰色、灰黄色黏土质粉砂、粉砂的三角洲平原及潮上带（图 10-31）。常绿阔叶树急剧减少，以草本（禾本科、莎草科、藜科）和针叶林为主，气候冷干。

里下河小区为深灰色黏土的湖相，含有广生性种类的介形虫 *Candona* sp.、*Candoniella* sp.、*Chlamydotheca* sp.，局部地区与中部地层具有沉积间断。草本含量迅速增加，植被类型为以藜科－蒿属－禾本科为建群种的草原（郭平，2004；萧家仪等，2005）。

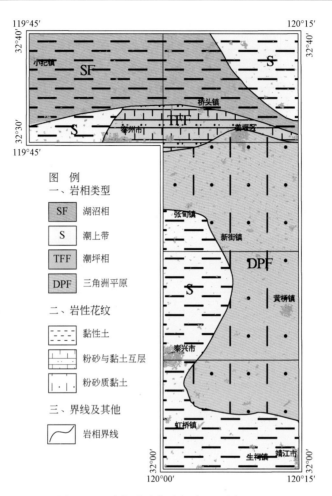

图 10-31　全新世晚期岩相古地理图

# 第十一章　地球物理探测

为了进一步了解区内地质构造及地层结构，在工作区内进行浅层地震勘查及综合地球物理测井。浅层地震勘查的目标任务是查明第四系底界面起伏形态、新近系底界面（基岩面）起伏形态、古近系底界面起伏形态、地层沉积特征及沉积相解释、断层构造。综合地球物理测井的目的是划分地层岩性，以进一步划分地层年代及沉积相。

## 第一节　浅层地震勘查

工作区内进行了二维浅层地震勘查，共两条剖面 DZ1 线和 DZ2 线，测线总长10330m，位于张甸镇—新街镇。

**1. 地震地质条件**

（1）第四系—新近系盐城组上段为松散沉积物，沉积物岩性为砂土层、含粉砂黏土、黏土、细砂、粗砂相间而成，古沉积环境大部分属河流相沉积环境，反射波能量较强但连续性较差。具备一定厚度（一般在厚度大于 5m 时）的含粉砂黏土、黏土与其上下的砂土，或与砂砾层物性差异较大，能产生多组较好的地震反射波。根据第四系反射波特征共解译8 个较稳定地震地质界面，自下而上编号分别为 $T_Q$ 波、$T_{Q-1}$ 波、$T_{Q-2}$ 波、$T_{Q-3}$ 波、$T_{Q-4}$ 波、$T_{Q-5}$ 波、$T_{Q-6}$ 波、$T_{Q-7}$ 波。

（2）新近系底不整合面是松散沉积物与基岩的分界面，两者物性差异大，以及新近系内部均有物性差异较大的界面，它们均可产生连续性较好、信噪比高的反射波。

（3）基岩面以下，还存在古近系上部反射波 $T_{E-1}$ 及古近系底界面反射波 $T_E$，沿测线 $T_{E-1}$、$T_E$ 波能量较强，局部区域能量较弱，能够连续追踪。

综上所述，本区地震反射波组较发育，能量较强，地震地质条件较好。

**2. 松散地层沉积特征解释**

1）第四系沉积特征

第四系反射波组较丰富，沉积不是很稳定，横向变化较大，在时间剖面上多表现为能量中强、连续性较好，并常伴有 U 形或 V 形河谷或波状起伏的不连续反射波，说明该时期主要为河流相沉积环境（图 11-1）。第四系厚度在剖面位置上总体变化不大，平均为260 ～ 330m。根据第四系波组特征，可以将第四系划分为 3 个地震地质沉积段。

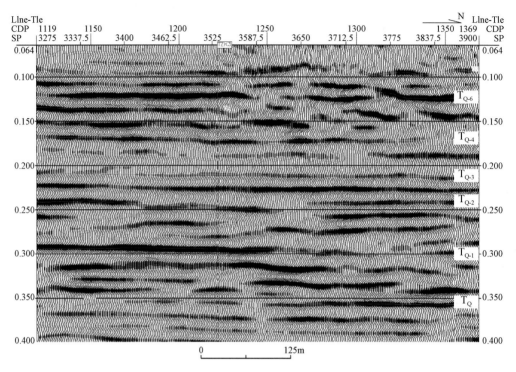

图 11-1 第四系反射波时间剖面

（1）$T_Q$—$T_{Q-2}$ 沉积段。根据钻孔 TZK2 揭露，此沉积段可能对应海门组至启东组下段地层。$t_0$ 时间为 222 ～ 389ms，深度为 184 ～ 330m，层位厚度为 85 ～ 100m，近水平状。总体上反射波能量较强，断续相，推断此段沉积泥砂互层能够形成良好的反射波，但横向沉积不是很稳定。

$T_Q$ 波 $t_0$ 时间为 332 ～ 389ms，频率为 60 ～ 70Hz，对应深度为 260 ～ 330m，总体趋势南浅北深，推测可能为第四系底黏土层和砂层的分界面，该波组一般能量强，信噪比高，说明沉积物成层性较好，沉积稳定，界面清晰稳定。在 DZ2 线桩号 1200 ～ 1560，反射波组能量变得不稳定，时强时弱，说明此段水动力减弱，为沉积高能期；在 DZ2 线桩号 1830 ～ 2060，反射波能量弱不清晰，推测这个区段物性发生变化，含砂量增多，未形成良好反射层；在 DZ2 线桩号 2270 ～ 2800，反射波能量弱，波状起伏，交错层叠，推断为辫状河。

$T_{Q-1}$ 波 $t_0$ 时间为 273 ～ 350ms，频率为 60 ～ 70Hz，对应深度为 224 ～ 256m，总体趋势南浅北深，推测可能为海门组上段黏土层和砂层的分界面，该波组一般能量强，连续性较好，横向上变化较多，在 DZ2 线桩号 895 ～ 1270，反射波能量变弱，推测这个区段含砂量增加，未形成良好反射层；在 DZ2 线桩号 1955 ～ 1650，反射波能量弱，透镜状成群出现，可能系辫状河心滩砂体；在 DZ2 线桩号 3590 以北，反射波出现分叉，推测此段黏土层砂含量增加，或者出现了砂质夹层。

$T_{Q-2}$ 波 $t_0$ 时间为 222 ～ 292ms，频率为 60 ～ 70Hz，对应深度为 175 ～ 237m，总体趋势南浅北深，推测可能为启东组下段黏土层和砂层的分界面，该波组一般能量强，连续性较好，局部能量变弱或中断。在 DZ2 线桩号 2070 ～ 2245，反射波能量上凸，推测为天然堤；在 DZ2 线桩号 3385 ～ 3800，反射波下凹，可能为古河道，上部反射波较两侧能量强，可能为砂砾堆积；横向在 DZ1 线桩号 885 ～ 1530、纵向 $T_{Q-1}$—$T_{Q-2}$ 波区段，反射波能量弱，波状起伏，交错层叠，推断为辫状河；在 DZ1 线桩号 2445 ～ 3285、5530 ～ 6020，反射波明显上凸，推断为天然堤。

（2）$T_{Q-2}$—$T_{Q-4}$ 沉积段。根据钻孔 TZK2 揭露，此沉积段可能对应启东组下段至昆山组下段地层。$t_0$ 时间为 156 ～ 292ms，深度为 118 ～ 237m，层位厚度为 50 ～ 70m，近水平状。总体上反射波能量较弱，中间只有一组能量较强的 $T_{Q-3}$ 波，推断此段沉积以细砂、粉砂、粗砂为主，泥砂互层较少，致使波阻抗减少，未能形成良好的反射波。

$T_{Q-3}$ 波 $t_0$ 时间为 180 ～ 260ms，频率为 55 ～ 65Hz，对应深度为 144 ～ 204m，总体趋势南浅北深，推测可能为启东组中段黏土层和砂层的分界面，该波组横向变化较大，能量部分区段变弱且存在多处砂体。在 DZ1 线桩号 4355 ～ 5000，反射波能量变弱，频率变低，信噪比很差，推断为沼泽地。

$T_{Q-4}$ 波 $t_0$ 时间为 156 ～ 207ms，频率为 60 ～ 70Hz，对应深度为 118 ～ 155m，总体趋势南浅北深，推测可能为昆山组下段黏土层和砂层的分界面，该波组横向变化较大，能量部分区段变弱且存在多处砂体；在 DZ2 线桩号 3285 ～ 4685，反射波上凸至 $T_{Q-5}$ 波，底部反射波能量较弱，推断为天然堤；在 DZ1 线桩号 4355 ～ 5000，反射波能量变弱，频率变低，信噪比很差，推断为沼泽地。

（3）$T_{Q-4}$—$T_{Q-7}$ 沉积段。根据钻孔 TZK2 揭露，此沉积段可能对应昆山组下段至滆湖组下段地层。$t_0$ 时间为 99 ～ 207ms，深度为 73 ～ 92m，层位厚度为 35 ～ 60m。总体上反射波能量较强，连续性较好，推断此段沉积地层以黏土为主，夹含粉砂、中粗砂、粗砂。横向沉积不是很稳定。

$T_{Q-5}$ 波 $t_0$ 时间为 127 ～ 175ms，频率为 60 ～ 70Hz，对应深度为 95 ～ 115m，总体趋势南浅北深，推测可能为昆山组上段黏土层和砂层的分界面。该波组能量较强，连续性一般。横向沉积不稳定，在 DZ2 线桩号 1930 ～ 2340，纵向 $T_{Q-4}$—$T_{Q-6}$ 反射波能量变弱，推断此段含砂量增加，未能形成良好反射波；在 DZ1 线桩号 1340 ～ 2060，纵向在 $T_{Q-4}$—$T_{Q-7}$ 波间，反射波能量较弱，波状起伏、交错层叠，推断此处为辫状河；在 DZ1 线桩号 4075 ～ 5165，反射波能量变弱，频率变低，信噪比很差，推断为沼泽地。

$T_{Q-6}$ 波 $t_0$ 时间为 99 ～ 142ms，频率为 55 ～ 65Hz，对应深度为 72 ～ 91m，总体趋势南浅北深，推测可能为滆湖组上段黏土层和砂层的分界面。该波组能量较强，连续性一般。横向沉积不稳定，在 DZ2 线桩号 2885 ～ 5045，反射波能量变弱，推测此段岩性发生变化，含砂量增加；在 DZ1 线桩号 4280 ～ 5200，反射波能量变弱，频率变低，信噪比很差，推断为沼泽地。

$T_{Q-7}$ 波 $t_0$ 时间在 100ms 左右，深度在 75m 左右，推断为涠湖组中段地层一组砂层与黏土层分界面。反射波能量较弱，连续性较差，在测区南部波组缺失，无法识别追踪波组，接近地震资料处理初至切除区，波组形态受影响较大。

$T_{Q7}$ 波以浅位于资料处理的盲区，无法进行解译。

2）新近系沉积特征

新近系厚度总体趋势由南向北逐渐变厚，最薄处在测线最南端，厚度约 285m；最厚处位于测线的最北端，厚度约 360m，新近系地层中的各波组起伏均较小，根据波组特征，可以将新近系反射波特征分为 3 个地震地质旋回：$T_N$—$T_{N-1}$、$T_{N-1}$—$T_{N-3}$、$T_{N-3}$—$T_Q$（图 11-2）。各段波组特征详细分述如下。

（1）$T_N$—$T_{N-1}$ 沉积段。此沉积段位于基岩面上部松散地层，此段沉积稳定，岩性推断以砂为主，泥砂互层较少，波阻抗较小，没有形成较好的反射波，在剖面上表现特征为席状或波状弱振幅反射相，说明此段沉积环境主要是河流泛滥平原沉积环境。$t_0$ 时间为 473～725ms，深度为 430～688m，南浅北深，厚度为 110～178m，总体南薄北厚。

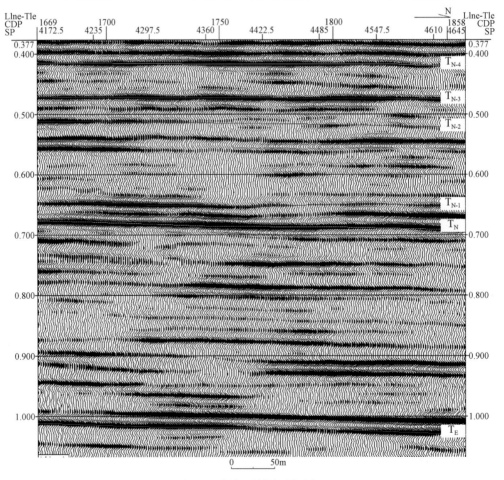

图 11-2　深部反射波时间剖面

（2）$T_{N-1}$—$T_{N-3}$ 沉积段。此沉积段位于新近系中段，反射波 $t_0$ 时间为 370～575ms，深度为 324～525m，南浅北深，厚度为 100～118m，南北厚度变化不大。沉积不稳定，DZ2 线纵向 $T_{N-1}$—$T_{N-2}$ 波、横向 500～2440 剖面上表现为席状平行中强振幅反射相，说明此段为滨湖沉积环境，DZ2 线桩号 2440～5045，反射波能量变弱，表明此段由滨湖转为浅湖沉积环境，DZ1 线此时期横向沉积较稳定，反射波为席状平行中强振幅，说明此段为滨湖沉积环境；纵向 $T_{N-2}$—$T_{N-3}$ 波，全线横向沉积较为稳定，剖面上表现特征为中间一组强波突出明显，强波上下"空白"间宽，说明此段沉积环境相对稳定，水动力相对较弱，沉积地层分层明显，推断此段主要为浅湖沉积环境。其中在 DZ2 线桩号 3675 至 DZ1 线桩号 760 之间，反射波能量变弱，呈波状亚平行反射相，推断此段变为河流泛滥平原沉积环境。

（3）$T_{N-3}$—$T_Q$ 沉积段。此沉积段位于新近系上段，反射波 $t_0$ 时间为 332～476ms，深度为 262～416m，南浅北深，厚度为 65～95m，南北厚度总体变化不大，只是在 DZ2 线南部较薄。$T_{N-3}$ 波能量强，连续性好，信噪比高，为一良好的分界面，$T_{N-3}$ 波下部地层沉积较为稳定，主要为浅湖沉积环境，$T_{N-3}$ 波上部地层沉积不稳定，沉积相与第四系基本一致，主要为河流相，在时间剖面上表现为能量中强、连续性较差的反射波。

# 第二节　地球物理测井

本项目测井参数包括视电阻率、侧向电阻率、自然伽马、自然电位、井径、井斜、井温、井液电阻率、波速等，其中自然伽马、视电阻率和自然电位曲线在反映地层粒度、泥质含量及地层富水性上有较好效果。

视电阻率在第四系地层中具有明显随着粒度减小而降低的趋势，一般情况下地层的电阻率按砾石、粗砂、中砂、细砂、粉砂、黏土的顺序递减；另外泥质成分具有较好的导电性能，因此地层的电阻率随着地层泥质含量的增高而降低；地下水的矿化度对电阻率影响也很大。

自然伽马射线的照射量率与地层的粒度和泥质含量之间存在较好的相关关系：沉积的粒度越小，它沉积的时间便相对越长，放射物质从溶液中分离出来并与沉积物一起沉积下来越多；同样地层中的泥质含量越高，放射物质也越多。因此，地层放射性的高低常常可反映出地层粒度的大小、沉积速度的快慢和泥质含量的高低。

自然电位的产生是由于电子导电与溶液界面的电位跃迁，产生了氧化还原电位；或因地下水的含盐浓度与泥浆的含盐浓度不同，引起离子的扩散作用和岩石颗粒对离子的吸附作用，产生了扩散吸附电位；也会因地层孔隙中的地下水向孔内，或泥浆向孔隙性地层内的过滤作用，产生了过滤电位。所以在泥浆冲洗液矿化度确定时，在地层透水性或地下水矿化度有变化的位置，自然电位曲线会产生明显异常。

在本工作区选取两个孔（TZK4 和 TZK3）的测井曲线，对其曲线特征进行具体的分析，可以看出视电阻率、自然伽马、自然电位在岩性变化层的响应特征。

图 11-3 为黏土层、砂层和砾石层在 TZK4 测井曲线上的响应。由图可见，在该孔的 59 ～ 91m 深度附近的视电阻率曲线表现为高值异常，自然伽马曲线和自然电位曲线均表现为低值异常，根据钻孔岩性比对及曲线异常幅值分析，该层位解释为砂砾层；同时在砂砾层中存在一个高伽马、低电阻率的薄层异常，同时自然电位显示为高值异常，结合岩性资料解释为黏土隔水层。

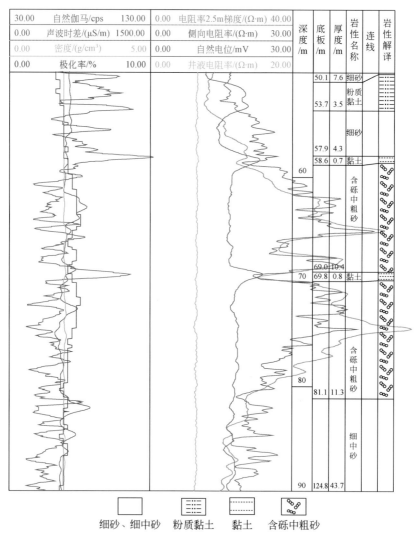

| 细砂、细中砂 | 粉质黏土 | 黏土 | 含砾中粗砂 |

图 11-3　黏土层、砂层和砾石层在 TZK4 测井曲线上的响应

图 11-4 为黏土层和砂层在 TZK3 测井曲线上的响应。图左侧的柱状图为岩性编录资料，右侧 4 条测井曲线依次为自然伽马、自然电位、视电阻率和声波时差曲线。图中第一个红

框标出的是黏土地层，对应的测井曲线异常响应分别为高伽马、高自然电位、低电阻率和高声波时差（低波速）；图中第二、三个红框标识出的为砂层，对应的测井曲线异常响应分别为低伽马、低自然电位、高电阻率和低声波时差（高波速）。

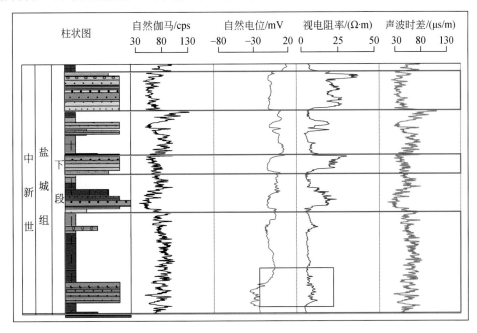

图 11-4　黏土层和砂层在 TZK3 测井曲线上的响应

通过测井资料划分地层岩性以获得详细的岩性解释剖面，在此基础上，进行岩性剖面分析，岩样化验，再辅之以测井曲线形态识别来进行地层年代细分及沉积相的研究（图 11-5）。

根据对每个钻孔测井资料的分析，确定各个钻孔各地质时期的分界线；以此为基础扩展到区域性的地层对比，以此进行区域性的地质界面划分（图 11-6）。

图 11-7 为泰州地区第四系底界面的空间展布图。由图可见，整个泰州地区的第四系底界面由南往北呈现出高—低—高—低—高的趋势，很好地对应了泰州地区布格重力异常，由南往北依次为苏南隆起—海安凹陷—张甸次凸起—海安凹陷—泰州凸起。

泰州地区按第四系沉积物岩性成因反映的沉积环境变化差异，总体上可将全区分为两个沉积单元：长三角沉积区和里下河沉积区，大体以新通扬运河为界，以北为里下河沉积区，以南为长三角沉积区。长三角沉积区主要为河流沉积，具有厚度大、层次少的砂层（局部地段第四系含水层组之间无稳定隔水层，为连通性巨厚状砂层）、颗粒粗（多为砂砾结构）；而北面里下河湖荡平原沉积区具有湖泊沉积的特征，沉积颗粒较小，以黏土为主，且砂层颗粒较细，厚度薄且呈多层状；中部过渡区沉积物泥砂比例在南北之间。

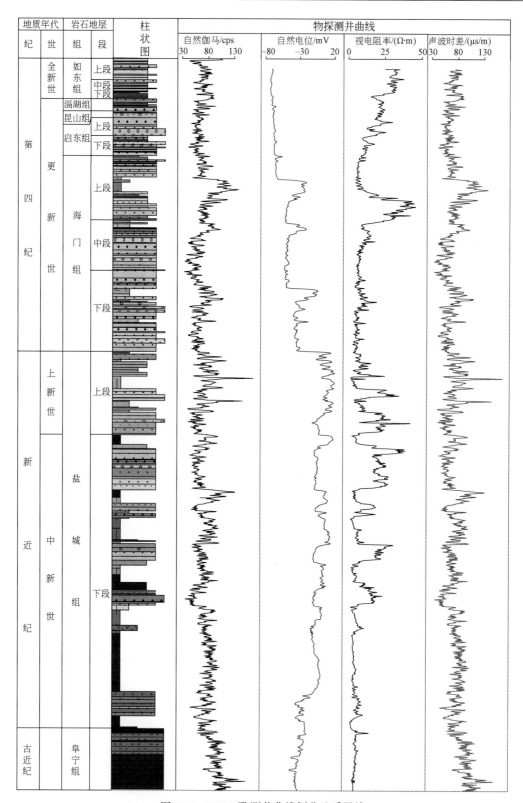

图 11-5　TZK3 孔测井曲线划分地质界线

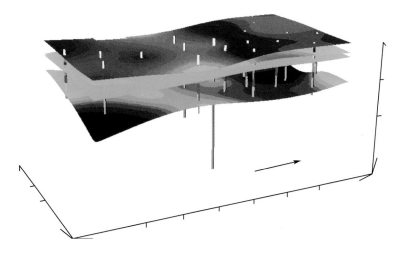

图 11-6　工作区地质界面空间展布图

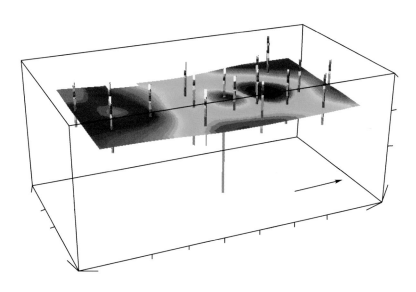

图 11-7　工作区第四系底界面空间展布图

　　黏土类地层由风化长石类低阻矿物组成，相比砂层具有较高的放射性，在自然伽马曲线上有明显异常，故可以通过比对各孔的自然伽马参数来确定地层的泥质含量，进一步分析可确定钻孔位置的沉积环境。若钻孔密度足够大的话，也可以据此划分两个沉积单元的界限。

　　图 11-8 为位于长三角沉积区的 TZK1 和位于里下河沉积区的 TZK8 的自然伽马参数统计图。由图可见，两个沉积区的放射性异常差异较大，里下河沉积区内的 TZK8 孔的放射性远高于长三角沉积区内的 TZK1 孔，据此来划分沉积单元具有较高的可靠性。

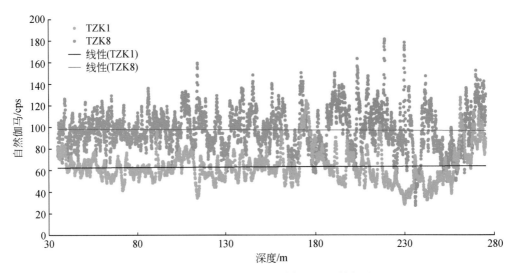

图 11-8　TZK1 和 TZK8 孔放射性对比散点图

# 第十二章 三维地质结构建模

## 第一节 浅表三维地质建模

浅表三维地质建模是对浅表第四纪地质调查成果的表达方式之一，丰富了传统的槽型钻孤立柱子＋地质图的表达方式。主要基于野外调查槽型钻的位置、沉积物分层深度及粒度等信息，生成三维空间属性点。同时，根据区域地质背景，建立研究区浅表标准分层，对槽型钻进行标准化分层，进而建立分层地质面，以分层地质面为分割面，生成各标准层位的三维格网模型，以三维空间属性点为插值属性控制点，基于DSI插值算法，生成浅表三维岩性模型。

### 一、槽型钻数据处理

根据槽型钻揭露，区内地表0～4m范围内沉积物主要分为三层，顶部为耕植土层，厚0～0.5m；中间层为边滩、心滩相灰黄色、黄灰色、灰色粉砂质黏土、黏土质粉砂、粉砂，厚0.5～3.5m；底部为滨海相青灰色粉砂、粉细砂、细砂，区内所有槽型钻均未见其底，依据周边深钻揭露，厚2～30 m。

结合区内槽型钻揭露的岩性特征，按照沉积物颗粒的粗细，可将4m以浅的沉积物量化（表12-1）。

表 12-1 槽型钻揭露岩性粒度量化表

| 岩性 | 黏土/含粉砂黏土 | 粉砂质黏土 | 黏土质粉砂 | 含黏土粉砂/粉砂/粉细砂 | 耕植土 |
|---|---|---|---|---|---|
| 量化值 | 1 | 2 | 3 | 4 | 5 |

将区内所有槽型钻进行岩性的量化，这样各槽型钻各岩性段均赋予了粒度属性特征，代表了沉积物的粗细。至此，槽型钻空间位置、分层深度、粒度属性值组成三维空间属性点（图12-1）。

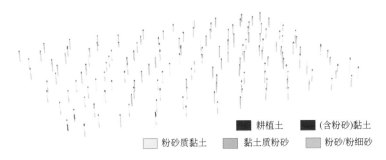

图 12-1　槽型钻揭露岩性三维空间属性点

## 二、约束层面建立

根据槽型钻揭露深度，拟定本次研究对象为 0 ～ 4m 范围内的沉积物，主要分为三个地质层面，由下而上分别为滨海相潮上带沉积层、河漫滩和河床相沉积层、耕植土层，将这三个层位定为本次研究的标准层位。各层沉积环境相差较大，因而需对各层分别建模。根据地质描述，将每个槽型钻进行标准分层，然后提取各分层的层底埋深，建立三个层位的层面模型，如图 12-2 所示。

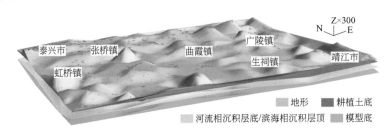

图 12-2　各约束层面空间展布

## 三、岩性建模

考虑到区内沉积物粒度垂向上变化较横向上变化大，且地貌界线走向为近东西向，因此，将全区划分为 400×400×100 的三维格网，即每个单元格网为扁的长方体，大小为 60m×45m×0.04m。全区格网被三个标准层面切割为三部分，分别代表三个标准层位。

通过 DSI，分别对滨海相沉积层和河流相沉积层进行插值运算，得到浅表三维岩性模型，可对模型进行等距剖切，得到浅表岩性模型剖切图（图 12-3）。

图 12-3 可明显看出沉积物粒度纵向、横向的变化。岩性整体垂向上由下而上显示由粗到细的变化特征，揭露深度越深，粒度越大，第二层河流相沉积层以粉砂质黏土、黏土质粉砂为主，第三层滨海相沉积层以粉砂 / 粉细砂为主，这与槽型钻揭露的岩性特征基本一致；横向上则表现为南粗北细的特征。

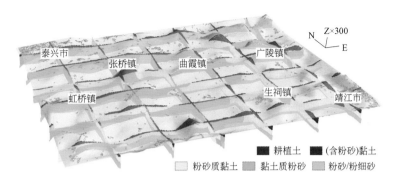

图 12-3　浅表岩性属性模型剖切图

同时，通过对三维地质模型的操作分析，可对不同岩性的空间分布进行直观的展示（图 12-4）。

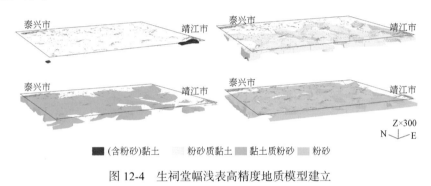

图 12-4　生祠堂幅浅表高精度地质模型建立

# 第二节　第四系三维地质建模

深部第四纪地层的展布需要借助三维地质建模和可视化，才可能更加直观地分析并解决真实地质问题。因此，建立反映实际地质情况的三维地质结构模型，不但能够满足实际的地质需求，解决城市地质、地下水模拟、岩土工程勘察等应用领域的实际地质问题，还可以进一步推动"三维地质填图"和"数字地球"的发展。基于建模数据的主要来源，可以将建模方法分为钻孔建模、平行剖面建模、交叉剖面建模和多源数据交互建模。由于工作区属长三角平原区，地层界面平缓，且钻孔资料较为丰富，因此选用钻孔建模方法来构建测区的第四系三维地质模型。

## 一、第四系钻孔数据处理

本次建模共利用钻孔 24 个，其中包括施工钻孔 17 个和收集钻孔 7 个。

根据工作区的第四系岩石地层单元划分，对区内各第四纪地层进行标准分层，并赋予代号，见表12-2。

表 12-2　岩石地层单元模型代号表

| 全新统 | 上更新统二段上部 | 上更新统二段中部 | 上更新统二段下部 | 上更新统一段 | 中更新统二段 | 中更新统一段 | 下更新统三段 | 下更新统二段 | 下更新统一段 |
|---|---|---|---|---|---|---|---|---|---|
| Q4 | Q3-2-3 | Q3-2-2 | Q3-2-1 | Q3-1 | Q2-2 | Q2-1 | Q1-3 | Q1-2 | Q1-1 |

通过建立钻孔第四纪年代地层框架与第四纪地层划分对比，对各钻孔均按照标准分层代号进行分层，见表12-3。

表 12-3　第四系钻孔标准分层表

| 钻孔编号 | Q4 | Q3-2-3 | Q3-2-2 | Q3-2-1 | Q3-1 | Q2-2 | Q2-1 | Q1-3 | Q1-2 | Q1-1 | 深度/m |
|---|---|---|---|---|---|---|---|---|---|---|---|
| TZK1 | 34.45 | 42.7 | 46.3 | 63.7 | 68.32 | 90 | 107.15 | 149.2 | 171 | 260.4 | 288.2 |
| TZK2 | 40.7 | 44.85 | 53.75 | 55.65 | 61.2 | 72.05 | 93.6 | 151 | 196 | 243 | 400.5 |
| TZK3 | 43.92 | 44.9 | 46.05 | 52.55 | 54.5 | 76.92 | 96.7 | 161.45 | 229.56 | 292.2 | 728.59 |
| TZK4 | 41.5 | 43.2 | 51.5 | 52.84 | 57.65 | 68.55 | 104.5 | 140.95 | 186.05 | 256.12 | 315.46 |
| TZK5 | 12.49 | 18.22 | 29.8 | 33 | 44.76 | 63.45 | 82 | 152 | 193.16 | 248 | 272.73 |
| TZK6 | 13.22 | 18.66 | 28.76 | 34.98 | 50.88 | 62.88 | 75.6 | 149.5 | 188.14 | 250 | 280.28 |
| TZK7 | 8.35 | 14.75 | 23.85 | 42.05 | 50.06 | 69.15 | 79.03 | 141.88 | 188.53 | 249 | 296.76 |
| TZK8 | 6.4 | 9.85 | 29.98 | 50.19 | 53.56 | 67.22 | 85 | 155 | 186 | 239 | 280.2 |
| TZK9 | 3.33 | 6.3 | 18.18 | 36.86 | 49.96 | 70 | 91.5 | 146 | 187 | 268.1 | 286.86 |
| TZK10 | 2.99 | 8.8 | 15.65 | 24.7 | 42 | 55 | 84.45 | 121.21 | 173.43 | 233.65 | 270.06 |
| TZK11 | 34.6 | 45.05 | 61.3 | 75.9 | 78.1 | 85.41 | 96.53 | 133.02 | 163.32 | 232.05 | 290.66 |
| TZK12 | 63.2 | 76.9 | 78.5 | 82.65 | 85.95 | 90.44 | 101.52 | 160.63 | 199 | 290.96 | 300.03 |
| TZK13 | 53.77 | 57.96 | 60.07 | 66.67 | 69.7 | 92.53 | 102.65 | 169.5 | 183.9 | 243.6 | 280.09 |
| TZK14 | 7.5 | 13.42 | 22.2 | 29.5 | 37.2 | 55.2 | 87.2 | 141.8 | 168.27 | 238.16 | 260.36 |
| TZK15 | 2 | 7.69 | 21.27 | 27.3 | 32.8 | 53.58 | 80.85 | 122.35 | 158.25 | 191.46 | 230.89 |
| TZK16 | 2.6 | 8.72 | 19.52 | 22.5 | 24.99 | 54.44 | 85.78 | 121.96 | 159.1 | 217.58 | 250.15 |
| TZK17 | 7.32 | 12.7 | 23.48 | 24.7 | 44.25 | 52.05 | 97.74 | 141.6 | 177.8 | 228.2 | 247.38 |
| TZ1 | 3.7 | 7.2 | 15.9 | 25 | 32.6 | 54.75 | 86.1 | 123.4 | 166.4 | 208.9 | 300.05 |
| DH02 | 49.9 | 61.1 | 62.8 | 69.88 | 72.3 | 82.7 | 99.35 | 140.35 | 192.2 | 230.38 | 295.51 |
| ZKJ28 | 28.7 | 41.7 | 57.1 | 72.4 | 80.5 | 85.4 | 94.5 | 129.9 | 168.8 | 223 | 254 |
| ZKJ36 | 27.84 | 60.3 | 65.6 | 70.8 | 79.15 | 90.6 | 98.7 | 128.8 | 167.8 | 212.3 | 250.2 |
| ZKJ39 | 4.5 | 14.6 | 18.8 | 29.4 | 39.9 | 51.8 | 79.5 | 150 | 214.7 | 263.2 | 331 |
| ZKJ46 | 27.1 | 29.2 | 31.9 | 35.7 | 56.8 | 71 | 78 | 136 | 186 | 245 | 259.5 |
| ZKJ47 | 6.1 | 12.1 | 26.6 | 46.6 | 52.8 | 64.8 | 80.4 | 131.5 | 171.3 | 220.5 | 245 |

经过标准分层后的各钻孔空间分布如图 12-5 所示。

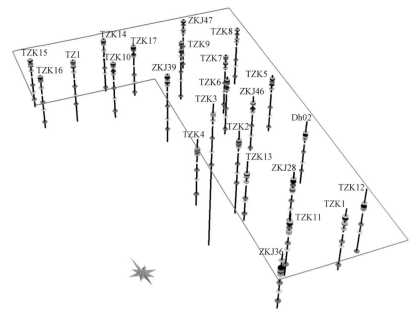

图 12-5　测区建模钻孔分布

## 二、第四系三维地层实体模型

针对基于钻孔数据自动建立三维地质模型的问题，Lemon 和 Jones（2003）提出了"水平层面法"（horizons method），是后来众多方法的基础；朱良峰等（2004，2005）改进了"水平层面法"的地层高程调整方法，提出了"河流侵淤作用下三维地层模型的构建"；吴冲龙（2004）提出利用钻孔资料建立构造‒地层格架模型的方法；明镜等（2009，2012）提出了一系列细节改进和较为完整的整体方案实现。

基于改进的"水平层面法"的钻孔建模方法已经较为成熟：首先进行钻孔解译，赋地层编号，确定地层处理顺序；然后生成所有层面的统一模板，利用已解译的钻孔数据，根据模板插值生成不同编号的地层层面；最后，不同地层层面间进行交切形成封闭地质体。不同编号地层面之间因为均利用模板，可以建立起对应关系，对于层面插值确定形态的调整和层面交切计算均能起到简化作用，能够极大地提高方法的效率和稳定性。

建立的各地层界面模型如图 12-6 所示。

模型详细展示了第四系底界面起伏特征，主要表现在西北和南部高、中间和北部低的特征，第四系底界变化在 200 ~ 260m，如图 12-7 所示。

由图可看出工作区第四系底界在泰县幅姜堰区苏陈镇一带最低，埋深在 260m 左右，而在港口幅华港镇一带最高，埋深在 209m 左右，其次为生祠堂镇福西南角虹桥镇一带，埋深在 210m 左右。

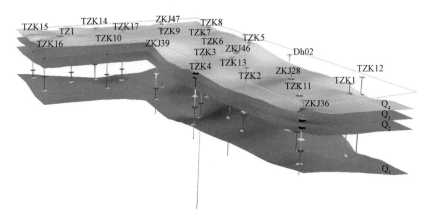

图 12-6　$Q_1$、$Q_2$、$Q_3$、$Q_4$ 地质界面起伏模型

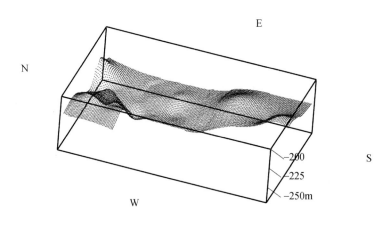

图 12-7　$Q_1$ 界面起伏

将整个工作区划分为 500m×500m×1m 的网格空间，以地层界面为约束条件，建立了地层实体模型，如图 12-8 所示。

在第四纪地层实体模型基础上，对第四纪以来不同沉积区各地层的厚度进行统计分析，如图 12-6 所示。

由第四纪各地层厚度统计可知，相对其他地层而言，全新统在两个沉积区的平均厚度差异最大，长三角沉积区全新世地层平均厚度为 36.77m，里下河沉积区全新世地层平均厚度为 5.6m，相差 31.17m，晚更新世地层在两个沉积区的平均厚度差异最小，长三角沉积区晚更新世地层平均厚度为 30.99m，里下河沉积区晚更新世地层平均厚度为 35.08m，相差仅 4.09m。中更新世和早更新世两个沉积区的地层厚度相差约 15m（图 12-9）。

## 三、第四系三维岩性模型

第四系三维岩性模型同样也是依靠钻孔揭露的岩性特征来构建，与浅表三维岩性模型类似，按照沉积物颗粒的粗细，将第四纪钻孔揭露的沉积物岩性进行粒度的量化。

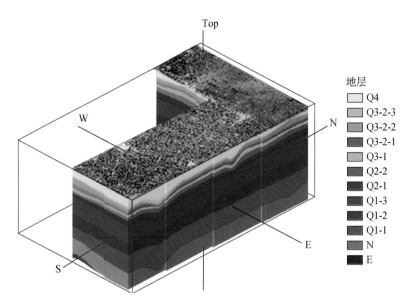

图 12-8　第四纪地层实体模型

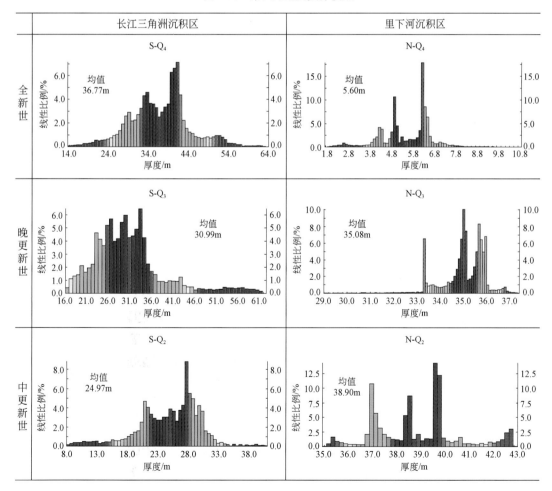

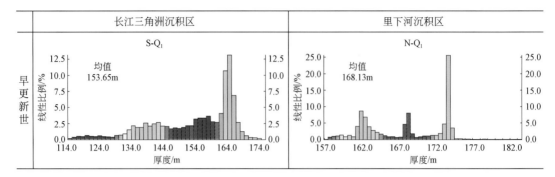

图 12-9 第四纪以来各地层厚度分布直方图

以各地层实体岩性插值界面的约束条件，选用合适的三维插值算法，开展岩性的三维模拟。模拟结果如图 12-10 所示。

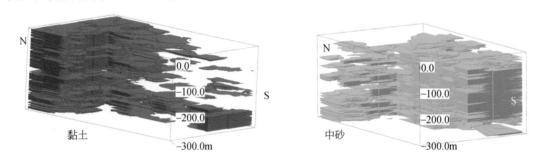

图 12-10 第四系黏土、中砂的空间分布

从图 12-10 可以看出，第四纪以来，北部里下河平原区黏土丰富，而南部长三角平原区砂层分布广泛。同时，基于第四系岩性模型，分别对两个不同沉积区的岩性占比进行定量统计分析。

由不同沉积区岩性占比分析可知，在长三角沉积区，中砂、中粗砂、粗砂等粗颗粒的沉积物占比最大，达 52.32%，说明长三角沉积区第四纪以来沉积了大量的古长江携带的粗粒沉积物，而在里下河沉积区，黏土与含粉砂黏土细粒沉积物占比最大，达 49.81%（表 12-4），说明里下河沉积区第四纪以来沉积了大量细粒的沉积物。

表 12-4 不同沉积区不同岩性占比

| 岩性 | 长三角沉积区 | | 里下河沉积区 | |
|---|---|---|---|---|
| | 体积 /$10^9 m^3$ | 占比 /% | 体积 /$10^9 m^3$ | 占比 /% |
| 黏土 / 含粉砂黏土 | 31.8 | 7.93 | 131 | 49.81 |
| 粉砂质黏土 | 17 | 4.24 | 18.6 | 7.07 |
| 黏土质粉砂 | 43.29 | 10.80 | 32.35 | 12.30 |
| 粉砂、细砂、中细砂 | 54.9 | 13.69 | 27 | 10.27 |
| （含砾）中砂、中粗砂、粗砂 | 209.79 | 52.32 | 45.817 | 17.42 |
| 砾石层 | 44.2 | 11.02 | 8.24 | 3.13 |

对岩性的定量分析可进一步说明，在地下水资源量方面，南部长三角平原区地下水资源量明显比北部里下河平原区丰富，从环境地质角度出发，里下河沉积区的湖沼相黏土、淤泥等是区域性地面沉降的不利地质背景和条件，南部砂层的广泛分布则要注意砂土液化、渗流变形等工程地质问题。

## 四、第四系三维岩相模型

三维地层实体模型表达了不同年代地层的分布，三维岩性模型表达了不同岩性的分布，对于第四系研究而言，三维岩相模型则更能直观地表达岩相分布，对于沉积古地理环境的表达更为直观，可辅助分析研究沉积古环境演变。

根据对工作区岩相古地理的研究，将本区岩相分为两个大类，16个小类，将每种岩相均赋予代码，见表12-5。

表 12-5  岩相代码表

| | 沉积相 | 代码 | | 沉积相 | 代码 | 沉积相 | 代码 |
|---|---|---|---|---|---|---|---|
| 陆相 | 冲洪积相 | PL | 海陆交互相 | 潮下带 | TR | 河口相 | ER |
| | 河床相 | RB | | 低潮坪 | LTF | 三角洲平原 | DP |
| | 边滩相 | PB | | 中潮坪 | MTF | 河口砂坝 | SBF |
| | 泛滥平原相 | FP | | 高潮坪 | HTF | 潟湖相 | LI |
| | 天然堤 | NL | | 潮上带 | S | | |
| | 湖沼相 | FL | | 潮坪 | TF | | |

为降低建模复杂程度，同样采取了钻孔属性建模方法，通过钻孔联合剖面，提取了每个钻孔的岩相分界点，并建立了第四系三维岩相模型（图12-11）。

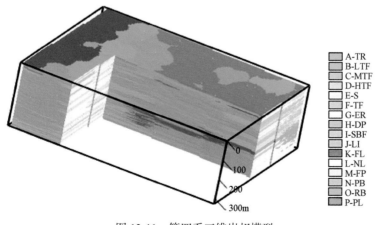

A-TR
B-LTF
C-MTF
D-HTF
E-S
F-TF
G-ER
H-DP
I-SBF
J-LI
K-FL
L-NL
M-FP
N-PB
O-RB
P-PL

图 12-11  第四系三维岩相模型

为检验模型的准确性，基于三维地层模型与三维岩相模型，创建图 10-19 所示的钻孔联合剖面，对比认为剖面较为客观地反映了不同沉积区、不同时期的岩相变化特征（图 12-12）。

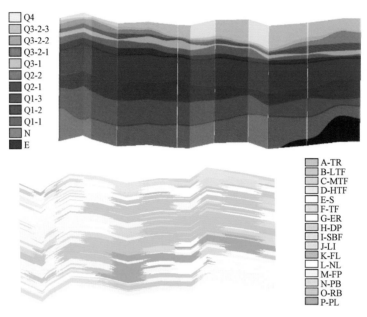

图 12-12  溧潼–张甸–张桥三维地层和岩相模型切割剖面图

根据第四系三维岩相模型，进一步提取了晚更新世以来海陆交互相沉积，沉积相分布如图 12-13 所示。

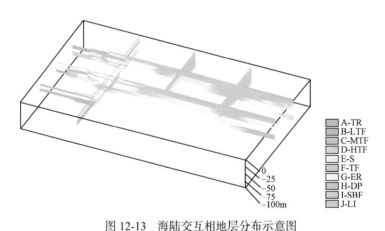

图 12-13  海陆交互相地层分布示意图

# 第三节  基底三维地质建模

由于深覆盖区基岩埋深较深，揭露基岩的钻探资料少，因此，采用钻孔对基底进行三维建模便不适用。目前，国内外普遍采用物探技术组合调查深覆盖区基底结构，因此，本次以区域地球物理资料解译为主，结合钻探和浅震，对基底开展三维地质建模。

由于工作区新近纪地层胶结程度很低，仍然属于松散岩层，所以基底一般反映古近纪及以前的地质信息。对于基底垂向上的构造分层特征是在分析深部岩石地层密度参数的基础上，结合地震勘查获取的地质界面顶、底特征，建立重力-地震联合反演剖面初始模型，结合钻孔揭露、以往资料及地球物理测井，对初始模型中的界面的分布位置及埋深加以修正，再通过测井测量的物性数据进行人机交互计算，获取剖面反演图，解释深部重大地质界面的位置及埋深。图 12-14 反映了工作区第四系、新近系、古近系、白垩系等基底地层的界面起伏特征。

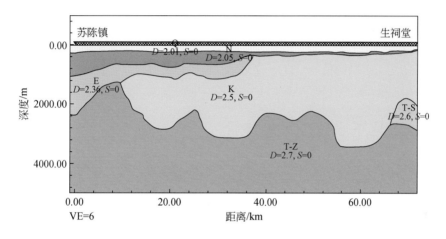

图 12-14 重力-地震联合反演剖面（苏陈镇-生祠堂）

根据基底结构填图成果，模拟了新近系底界、新生界底界、中生界底界界面起伏形态，如图 12-15 所示。通过界面起伏特征，进一步验证了本区几大凸起和凹陷的构造格局。

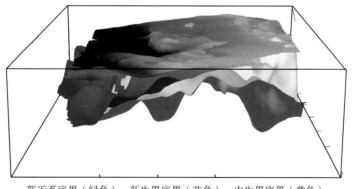

新近系底界（绿色） 新生界底界（蓝色） 中生界底界（黄色）

图 12-15 基底界面起伏三维模型

# 第十三章 填图成果推广应用

平原区的填图和核心目标是构建不同层次的地质结构，而填图成果的推广应用则是平原区填图存在和发展的最大动力，在平原区填图成果的应用方面，前人做了很多尝试，本次试点从不同深度层次的填图成果出发，探索了各层次成果推广应用的思路。

## 第一节 浅表填图成果应用

### 一、浅层地下水防污性能评价

本次浅层地下水防污性能评价从保护地下水环境出发，充分利用本次浅表调查成果，查明工作区地下水受污染的难易程度，进行地下水防污性能的区划，为科学、合理地保护工作区的地下水资源、制定地下水污染防治方案和有效实现地下水资源的可持续利用提供依据和决策支持。

由于工作区自上而下有多个松散孔隙含水层，但从水力联系上来看，潜水含水层无疑是最容易受到地表污染物影响的，潜水含水层的污染在很大程度上也会影响深层承压水，因此本次防污性能评价主要针对潜水含水层（即全新世地层）（图 13-1）。

**1. 评价因子选取**

地下水天然防污染性能指在一定的地质和水文地质条件下，人类活动产生的所有污染物进入地下水的难易程度，天然防污性能与污染物性质无关。根据《地下水污染调查评价规范》及相关科技文献资料，目前地下水的防污性能评价主要基于美国国家环境保护署（EPA）提出的 DRASTIC 方法与理论，即认为：地下水的防污性能主要受地下水水位埋深（$D$）、地下水净补给量（$R$）、含水层介质（$A$）、土壤包气带（$S$）、地形地貌（$T$）、非饱和带（包气带）介质（$I$）和水力传导系数（$C$）等因素影响。通过对每个因子赋予一个权重与评分，进一步计算各因子的加权和来得出总体的防污性能指数。一般地，每项因子的防污性能越差，该项因子的评分就越高。具有较高指标的区域，则该区域的地下水就易于被污染。一般地，可选择这七项评价因子对地下水防污染性能进行评价，也可根据实际情况调整。

本次地下水防污性能评价基于 DRASTIC 理论与方法，并根据工作区的水文地质条件的具体情况，对上述各项评价因子进行取舍或更换。

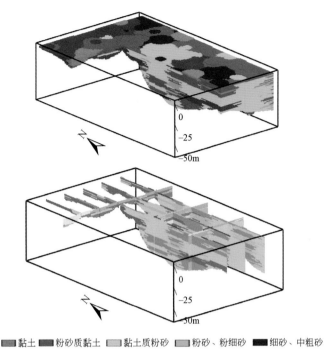

黏土 ▇ 粉砂质黏土 ▇ 黏土质粉砂 ▇ 粉砂、粉细砂 ▇ 细砂、中粗砂

图 13-1　全新世地层岩性

　　本次评价是在工作区区域第四纪地质和区域水文地质条件研究的基础上，结合地下水水质和包气带岩性的基础上进行的。由于防污性能是工作区地下水系统的固有属性，本次评价工作重点考虑了工作区地下水系统的特点，选择对地下水污染影响最明显的地质、水文地质条件作为评价因子。

　　1）地下水水位埋深（$D$）

　　地下水水位埋深是对工作区地下水防污性能影响较大的因子，它决定污染物到达含水层前要迁移的深度，它有助于确定污染物与周围介质接触的时间。一般来说，水位埋深越大，污染物与土层介质的接触时间越长，污染物经历的各种反应（吸附、化学反应、生物降解等）越充分，污染物受空气中氧的氧化机会也越多，衰减越显著，因此其防污性能也越好，反之则相反。虽然工作区的潜水含水层总体埋深较浅，但从区域上看来，潜水水位还是存在一定的差异。因此该因子是评价工作区地下水防污性能的重要指标之一。

　　2）地下水净补给量（$R$）

　　工作区地处亚热带湿润气候带，雨量充沛、地势平坦，有利于降水的入渗，潜水动态与大气降水密切相关，潜水接受雨水、地表水体的补给，并对微承压水有越流补给的作用。因此，降雨入渗是潜水主要的补给来源。污染物可通过降雨入渗补给垂直传输至含水层并在含水层内水平运移，因此大气降水是固体和液体污染物浸析和运移至含水层的主要载体。因此可以认为，降雨量越大，降雨入渗强度越大，降雨入渗补给量就越大，进入含水层的污染物就越多，地下水防污性程度就越低。因此分析结果表明降雨是导致地下水污染主要影响因素之一。

3）含水层厚度（$A$）

选择含水层厚度作为评价因子主要考虑的是其稀释能力。DRASTIC 理论中考虑的是含水层介质，认为含水层介质既控制污染物渗透途径和渗流长度，也控制污染物衰减作用（像吸附、各种反应和弥散等）可利用的时间及污染物与含水层介质接触的有效面积。但含水层介质在一定程度上与含水层的水力传导系数（$C$，即渗透系数）有较大的相关性，且根据工作区的情况，潜水含水层的岩性相差不大，均为亚砂土、粉砂等。因此在工作区地下水含水层岩性相差不大的情况下，用含水层厚度表征其稀释能力更为合适，厚度大稀释能力越强，反之则相反。

4）包气带岩性（$I$）

根据工作区的情况，包气带岩性是对防污染性能影响最明显的因子。包气带岩性对防污性能的影响主要表现在其颗粒的粗细上，颗粒的粗细控制着渗流路径的长度和渗流途径，从而影响了污染物的迁移时间及与土体的反应程度。颗粒越细，污染物迁移慢，污染物与介质接触时间越长，吸附容量越大，污染物经历的各种反应（吸附、化学反应、生物降解等）充分，故其防污性能好，反之则相反。

5）含水层渗透系数（$C$）

渗透系数受含水层中的粒间孔隙、裂隙和层间裂隙等所产生的空隙的数量和连通性控制。该指标主要影响地下水流动速度，渗透系数越大，地下水的流速越大，从而污染物的传播速度就快，地下水的防污性能就越差。

由于工作区处于长三角北部平原，地势都较为平坦，因此地形地貌（$T$）的影响在整个区域上的作用大体一致，无明显差异，故不是影响防污性能的重要因素，因此本次评价中不予考虑。此外，根据 DRASTIC 理论，土壤介质（$S$）的指标意义与包气带岩性相近，故本次未予考虑。

各评价因子数据来源见表 13-1。

**表 13-1　各评价因子数据来源**

| 评价因子 | 数据来源 |
| --- | --- |
| 潜水位埋深 | 槽型钻调查潜水位数据 |
| 地下水净补给量 | 地质图岩性岩相分区、国情统计年报 |
| 含水层厚度 | 钻探揭露全新世地层 |
| 包气带岩性 | 地质图岩性岩相分区 |
| 含水层渗透系数 | 钻探揭露全新世地层 |

**2. 权重计算**

本次应用层次分析法计算各指标权重。层次分析法是一种定量与定性相结合的多目标决策分析方法，它是将决策者的经验判断给予量化，在目标结构复杂且缺乏必要数据情况下更为实用。该方法是在建立有序递阶指标系统的基础上，通过指标之间两两比较对系统中各因子给予优劣评判，进而确定各因子权重系数。

层次分析法基本步骤如下。

（1）建立层次结构模型：充分了解要分析的系统后，把系统的各因素划分成不同层次，再用层次框图说明层次的递阶结构及因素从属关系。

（2）构造判断矩阵：判断矩阵元素的值反映了人们对下层两两元素与上层因素相对重要性的认识，它直接影响决策的效果。一般采用 1～9 及倒数核度方法（表 13-2），明确上一层次因子与其所属层次因子之间的权重关系。

（3）检验判断矩阵的一致性，算出各判断矩阵的最大特征根及其特征向量，并通过归一化处理，如果不符合一致性检验条件需要对判断矩阵重新调查取值。

表 13-2　层次分析定权法的判断矩阵标度分级及其意义

| 标度 | 意义 |
| --- | --- |
| 1 | 表示两个因子相比，具有同等重要性 |
| 3 | 表示两个因子相比，前者比后者略重要 |
| 5 | 表示两个因子相比，前者比后者较重要 |
| 7 | 表示两个因子相比，前者比后者非常重要 |
| 9 | 表示两个因子相比，前者比后者绝对重要 |
| 2、4、6、8 | 表示上述两相邻标度的中间值，重要性介于二者之间 |
| 倒数 | 若因子 $i$ 与 $j$ 重要性比为 $b_{ij}$，则因子 $j$ 与 $i$ 的重要性之比为 $b_{ji}=1/b_{ij}$ |

在综合分析影响地下水防污性能 5 个指标对防污性能影响大小的基础上，构建判断矩阵如表 13-3，矩阵符合一致性检验条件。

表 13-3　层次分析定权法的判断矩阵标度分级及其意义

| 因素 | 地下水位埋深 | 净补给量 | 含水砂层厚度 | 渗透系数 | 包气带综合岩性 |
| --- | --- | --- | --- | --- | --- |
| 地下水位埋深 | 1 | 7/5 | 7/2 | 7/3 | 7/9 |
| 净补给量 | 5/7 | 1 | 5/2 | 5/3 | 5/9 |
| 含水砂层厚度 | 2/7 | 2/5 | 1 | 2/3 | 2/9 |
| 渗透系数 | 3/7 | 3/5 | 3/2 | 1 | 3/9 |
| 包气带岩性 | 9/7 | 9/5 | 9/2 | 9/3 | 1 |

计算所得权重如表 13-4。根据评价因子的评分和权重分配，再根据工作区的情况对每个区域进行打分，最后用公式（13-1）计算工作区的防污性能指数。

表 13-4　层次分析法权重计算结果

| 地下水位埋深 | 净补给量 | 含水砂层厚度 | 渗透系数 | 包气带岩性 |
| --- | --- | --- | --- | --- |
| 0.269 | 0.192 | 0.078 | 0.115 | 0.346 |

**3. 评价结果**

本次地下水防污性能评价沿袭 DRASTIC 理论的指标加权和的计算方法，其具体公式为

$$DI = \sum_{i=1}^{n}(P_i \times W_i) \tag{13-1}$$

式中，DI 为地下水防污性能指数；$P_i$ 为各评价因子的评分；$W_i$ 为对应评价因子的权重值；$i$=1，2，3，4，…，$n$，$n$ 代表 $n$ 个评价因子。

利用 GIS 空间分析功能对各评价因子进行加权叠加分析，得出本次的评价结果。根据计算结果，将防污性能共分为 5 级：Ⅰ级，DI ≥ 3.6，防污性能差；Ⅱ级，3.2 ≤ DI < 3.6，防污性能较差；Ⅲ级，2.4 ≤ DI < 3.2，防污性能一般；Ⅳ级，1.5 ≤ DI < 2.4，防污性能较好；Ⅴ级，DI < 1.5，防污性能好。按相应的分级标准，得出防污性能的分区，见表 13-5、图 13-2。

表 13-5　地下水防污性能综合评价分级标准

| 综合指数 DI | DI < 1.5 | 1.5 ≤ DI < 2.4 | 2.4 ≤ DI < 3.6 | 3.6 ≤ DI < 4.3 | DI ≥ 4.3 |
|---|---|---|---|---|---|
| 防污性能分级 | 差区（Ⅰ级） | 较差区（Ⅱ级） | 一般区（Ⅲ级） | 较好区（Ⅳ级） | 良好区（Ⅴ级） |

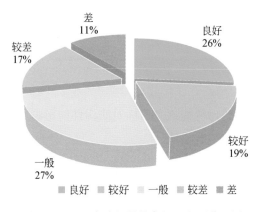

图 13-2　地下水防污性能各级面积百分比图

从防污性能评价分区结果来看（图 13-3），工作区防污性能大部分为一般区和良好区，一般区面积约为 306.31km²，占整个工作区面积的 27%，良好区面积约为 303.03km²，占整个工作区面积的 26%，其次为较好和较差区，防污性能差区面积占比最少，为 11%。

1）防污性能良好区

防污性能良好区约 303.03km²，主要分布工作区北部华港—溱潼一带，属里下河沉积区，包气带岩性主要为黏土、亚黏土，含水层厚度较薄，一般小于 5m，潜水位 1 ~ 2m，地下水净补给量小于 150mm/a，综合各种因素，该区地下水不易被污染。

2）防污性能较好区

防污性能较好区约 223.17km²，主要分布于新通扬运河及南部生祠镇一带。

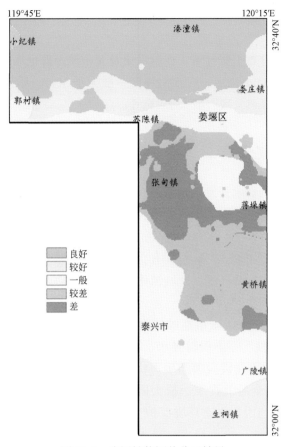

图 13-3 防污性能评价分区结果

（1）新通扬运河一带防污性能较好区，属里下河与长三角过渡区，包气带岩性主要为黏土质粉砂夹粉砂质黏土或含粉砂黏土，潜水位埋深 1～2m，含水层获得的净补给量较小，降雨入渗强度一般小于 150mm/a，含水层渗透系数一般为 0.1～1m/d，因此该区地下水不易被污染。

（2）生祠镇防污性能较好区，主要分布于工作区南部生祠镇一带，该地区水位埋深 1～2m，降雨入渗强度为 150～200mm/a，含水层厚度一般为 15～45m，包气带岩性主要为黏土质粉砂夹粉砂质黏土。

3）防污性能一般区

防污性能一般区约 306.31km²，主要分布于苏陈镇、姜堰区、蒋垛镇、泰兴—广陵一带，大部分位于长三角沉积区。该区水位埋深一般为 1～2m，部分区域小于 1m；降雨入渗强度一般为 250～300mm/a；含水层厚度为 30～45m，局部区超过 20m；包气带岩性主要为黏土质粉砂、黏土质粉砂夹粉砂质黏土。

4）防污性能较差区

防污性能较差区约 194.16km²，主要分布于工作区中部地带，属长三角沉积区，该区潜水位埋深大部分小于 1m，含水层厚度在 30m 以上，包气带岩性以粉砂为主，部分地区为粉砂夹粉砂质黏土，渗透系数一般大于 0.5m/d。综上所述，该区浅层地下水较易受污染。

5）防污性能差区

防污性能差区主要分布于张甸镇，在蒋垛镇及黄桥镇南部也局部分布。这些区域的降雨入渗强度一般在 250mm/a 以上，含水层厚度一般大于 30m，部分地区在 45m 以上，包气带岩性主要为粉砂，渗透系数一般大于 1m/d。

## 二、海绵城市建设适宜性评价

海绵城市建设——低影响开发雨水系统构建的基本原则是规划引领、生态优先、安全为重、因地制宜、统筹建设。党的十八大报告明确提出"面对资源约束趋紧、环境污染严重、生态系统退化的严峻形势，必须树立尊重自然、顺应自然、保护自然的生态文明理念，把生态文明建设放在突出地位。"建设具有自然积存、自然渗透、自然净化功能的海绵城市是生态文明建设的重要内容，是实现城镇化和环境资源协调发展的重要体现，也是今后我国城市建设的重大任务。

顾名思义，海绵城市是指城市能够像海绵一样，在适应环境变化和应对自然灾害等方面具有良好的"弹性"，下雨时吸水、蓄水、渗水、净水，需要时将蓄存的水"释放"并加以利用。海绵城市建设应遵循生态优先等原则，将自然途径与人工措施相结合，在确保城市排水防涝安全的前提下，最大限度地实现雨水在城市区域的积存、渗透和净化，促进雨水资源的利用和生态环境保护。在海绵城市建设过程中，应统筹自然降水、地表水和地下水的系统性，协调给水、排水等水循环利用各环节，并考虑其复杂性和长期性。

低影响开发雨水系统的构建与所在区域的规划控制目标、水文、气象、土地利用条件等关系密切，因此，选择低影响开发雨水系统的流程、单项设施或其组合系统时，需要进行技术经济分析和比较，优化设计方案。根据住房和城乡建设部 2014 年发布的《海绵城市建设技术指南——低影响开发雨水系统构建（试行）》，低影响开发技术和设施选择应遵循以下原则：注重资源节约，保护生态环境，因地制宜，经济适用，并与其他专业密切配合。结合各地气候、土壤、土地利用等条件，选取适宜当地条件的低影响开发技术和设施，主要包括透水铺装、生物滞留设施、渗透塘、湿塘、雨水湿地、植草沟、植被缓冲带等。低影响开发设施选用流程如图 13-4 所示。

本次主要针对海绵城市建设中渗滤坑、透水池、透水路面等渗透设施的建设选址评价适宜性。

**1. 评价指标体系建立**

海绵城市建设适宜性评价因子的选取主要依据是图 13-5 低影响开发设施选用中考虑的汇水区特征中所涉及的部分要素。由于工作区处于长三角北部平原，地势都较为平坦，因此地形地貌的影响在整个区域上的作用大体一致，无明显差异，故不是影响渗透设施选址的重要因素，因此本次评价中不予考虑。

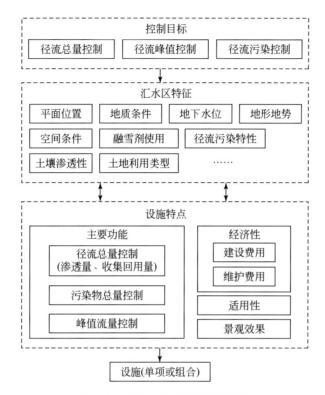

图 13-4　低影响开发设施选用流程

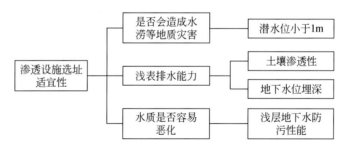

图 13-5　海绵城市建设中渗透设施选址适宜性评价指标

1）是否会造成水涝等地质灾害

渗透设施底部距离季节性最高地下水位至少 1m，使得在地表水到达地下水之前，能够过滤掉地表水的污染物，并且地表水入渗的增多会导致地下水水位的短暂上升，如果地下水水位过浅，将使得地下水溢出，形成城市内涝等次生灾害，因此，将该因素设置为限制性因子。

2）土壤渗透性

土壤渗透性受表层土壤岩性或岩性组合的影响，主要表现在其颗粒的粗细上，颗粒的粗细控制着土壤的渗透性，如颗粒越细，渗透性越差，浅表排水能力越差，则不适宜建设渗透设施，反之则相反。

3）地下水水位埋深

地下水水位埋深也影响了浅表排水能力，一般来说，水位埋深越大，地表水在土层介质中运移时间越长，说明浅表排水性越好，更适宜建排水设施。

4）浅层地下水防污性能

浅层地下水防污性能是考虑入渗水对浅层地下水水质的影响，浅层地下水防污性能越好，说明地表水的入渗越不容易造成浅层地下水的污染，更适宜建排水设施，反之则相反。

**2. 评价结果**

由于该评价采用因子数较少，因子之间的关系相对明了，因此，直接给予各评价因子权重，再叠加，生成评价结果（图 13-6，表 13-6）。

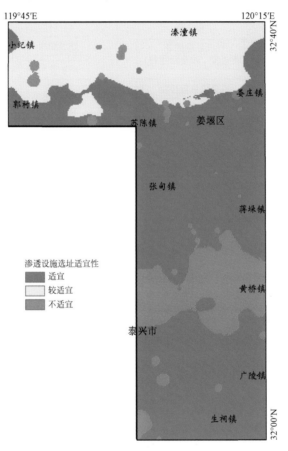

图 13-6  海绵城市建设中渗透设施选址适宜性评价

表 13-6  各评价因子权重分配

| 限制性因子 | | 地下水位埋深小于 1m | |
|---|---|---|---|
| 因子 | 土壤渗透性 | 地下水位埋深 | 浅层地下水防污性能 |
| 权重分配 | 0.4 | 0.2 | 0.4 |

1）渗透设施选址适宜区

渗透设施选址适宜区约 697.38km²，主要分布于工作区姜堰区南部蒋垛镇北，以及泰兴市南部，区内潜水位均大于 1m，浅表岩性主要为粉砂、黏土质粉砂，土壤渗透性能较好，浅层地下水防污性能亦较好，因此，该区在海绵城市建设中适宜建设透水砖铺装、渗透塘、下沉式绿地、渗井等渗透设施。

2）渗透设施选址较适宜区

渗透设施选址较适宜区约 295.07km²，主要分布于新通扬运河以北的里下河区域，该区水系发育，土壤防污性能较好，土壤渗透性一般，因此，不仅较适宜建设渗透设施，亦适宜建设湿塘、雨水湿地等储存设施。

3）渗透设施选址不适宜区

渗透设施选址不适宜区约 161.46km²，该区季节性最高地下水位小于 1m，在此区建设渗透设施，易使得地下水溢出，形成城市内涝等次生灾害，因此，不适宜建设渗透实施，却适宜建设雨水储存设施。

# 第二节　第四纪以来松散层填图成果应用

## 一、地下空间开发利用地质条件分析

针对工作区地质环境特点，影响工作区地下空间资源开发的地质环境主要包括地形地貌、岩土条件（岩土均匀性、软土厚度、液化砂土等）、水文地质条件（地下水埋深、富水性等）、地质灾害（地面沉降等）等主要地质环境因素，根据地下空间开发利用深度，将本次研究对象拟定为 50m 以浅，约晚更新世以来的第四纪松散沉积物，如图 13-7 所示。

1）地形地貌

地形地貌不仅控制了区域的工程地质条件，而且影响了地下空间的防灾条件，如在低洼地区，出于预防水灾的考虑，地下空间出入口的选择、出入口结构及相应的防排水措施等均应慎重考虑。

本区主要有两类地貌单元：里下河平原区、长三角平原区。里下河平原区 30m 以浅除表层为厚度较小的粉土粉砂层外，以可塑－硬塑的粉质黏土为主，局部夹粉土薄层，仅部分区域为淤泥质粉质黏土。黏性土强度较高，作为围岩稳定性较好，局部软土地区必要时采取相应的措施外，总体来说地下空间开发条件较好。长三角区 30m 以浅以粉土粉砂层为主，局部为淤泥质粉质黏土，围岩工程性质一般，建设费用一般较高，开发存在一定风险，总体来说开发条件一般。

2）岩土体条件

岩土体是地下空间的赋存介质和环境，岩土体均匀，强度高，稳定性好，则地下空间

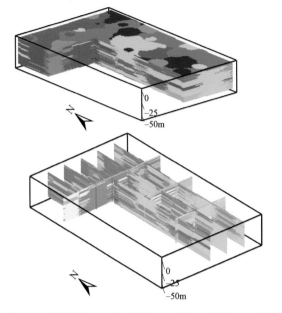

黏土　粉砂质黏土　黏土质粉砂　粉砂、粉细砂　细砂、中粗砂

图 13-7　50m 以浅三维岩性模型

开发适宜性就好，反之，其适宜性就差。性质不良土体，如软土、液化土等，对地下空间开发影响较大，这些不良土体的存在，将增加地下空间开发的工程造价、施工难度和风险，对地下空间开发不利。就本工作区而言，岩土体条件主要考虑三个因素，即岩土体均匀性、软土厚度和砂土液化等级。

工作区内岩土体均匀性整体较好，里下河平原区 0～10m 主要为粉土粉砂层，局部夹淤泥质粉质黏土，岩土体均匀性好-较好；10～30m 主要是可塑-硬塑的粉质黏土，局部夹粉土，部分地段还有软塑-流塑的淤泥质土，岩土体均匀性较好，局部一般。长三角 0～10m 以粉土粉砂层为主，岩土体均匀性好，10～30m 主要为粉砂层，局部夹粉土、粉质黏土，部分地段为软塑-流塑的淤泥质土，岩土均匀性好-较好，局部地区一般。

软土在里下河平原区和长三角平原区局部皆有分布，里下河平原区内埋深较浅，厚度大多在 0～10m；长三角平原区软土埋深相对较深，厚度大多在 5～15m，软土局部地段厚度较大，将不利于地下空间开挖，工程建设时将增加工程施工难度和风险。

泰州抗震设防烈度为 7 度，通过砂土液化程度判别，液化等级轻微-中等，主要为轻微液化，在液化区内进行各类工程建设时要考虑砂土液化的不利影响，根据抗震等级及液化等级，结合工程具体情况，采用适当的措施。

3）水文地质条件

各种地下工程不但在施工过程中受到地下水的影响，在隧道掘进和基坑开挖时，易产生流砂、坍塌、滑坡、坑底突涌等工程问题，且建成后还将长期面临浮力、渗漏等威胁。因此，地下水对地下空间开发的影响较大，地下水的存在增加了施工难度和风险，对地下空间开发不利。

　　一般主要考虑地下水埋深和富水性两个方面。工作区内地下水埋深普遍在 0～4.0m。长三角平原区第四系含水层厚度大，水量丰富，为富水区；里下河平原区第四系含水层厚度薄且呈多层状，水量一般较小，富水性差。

　　同时，以溱潼－张桥剖面为例，以第四纪岩性岩相分析为基础，初步对工作区地下空间开发（包括深部地下空间开发）可能遇到的主要地质问题进行预测分析（图 13-8）。

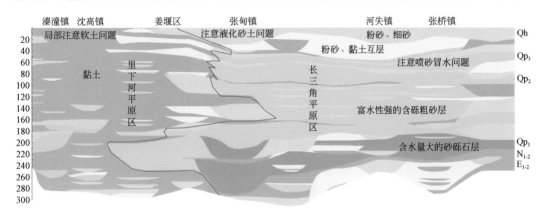

图 13-8　溱潼－张桥剖面地下空间开发主要地质问题预测分析图

　　总体而言，工作区里下河沉积区的地下空间开发利用地质条件明显优于长三角平原区地质条件，但在里下河沉积区进行地下空间开发时，需要注意局部软土带来的不均匀沉降问题，而长三角沉积区虽然岩土体条件较好，但是由于地下水含量丰富，会增加施工难度和风险，不利于地下空间的开发。

## 二、地面沉降地质背景分析

　　工作区地面沉降具有分布范围广、区域差异大、沉降速率逐渐变小、与地下水开采关系密切等特点。区内累计地面沉降量在 50mm 的区域，广泛分布在海陵区、姜堰区华港—淤溪—桥头—顾高一线以西以及兴泰镇以北，泰兴区的周围、张桥镇的北部、姚王镇的南部、黄桥镇镇区周围，这些区域累计地面沉降量为 50～100mm。工作区地面沉降速率变化与地下水开采和地下水位变化密切相关，地面沉降的主要诱发因素是地下水的开采，但也不能忽略地质背景条件的控制因素。

　　相对松散和易压缩的土层是地面沉降发生的物质基础。工作区均为深覆盖区，松散层厚度一般在 300m 以上，最深可达 1500m，巨厚层的松散沉积物为地面沉降灾害的发生创造了条件。新近纪以来松散沉积物的厚度、成因、岩性结构等方面的差异在一定程度上控制了地面沉降灾害的发生、发展的格局。

1）松散沉积物厚度差异

受基底构造的影响，新近纪以来沉积物的厚度变化较大，北部沉积物厚度明显大于南部，前者沉积厚度一般在 900～1500m，后者多在 200～1000m。即基岩面在工作区北部的深度要明显大于工作区南部的深部，南北起伏较大。松散沉积物北厚南薄的特点，与地面沉降主要分布在中北部地区有一定的相关性。

2）第四系沉积类型分区与岩性结构差异

沉积类型在很大程度上决定了松散沉积物的岩性结构特征。一般而言，冲积平原（河流相）以砂性土居多，压缩性相对较低，不易固结沉降，湖沼平原（湖泊相、湖沼相）和海积平原（海相）以黏性土居多，压缩性相对较高，易固结沉降。

长三角平原区主要接受古长江携带的泥沙堆积，沉积物颗粒粗，岩性以冲积、冲海积相粉细砂、中粗砂、含砾中粗砂为主，且在垂向上具数个由粗至细的沉积韵律，这种岩性结构相对不容易压缩，不易产生固结沉降。

里下河平原区沉积物主要接受古淮河带来的泥沙堆积，沉积物颗粒一般较细，表现出典型的潟湖或湖沼积堆积特征，这种岩性结构中含有较多易压缩的粉质黏土、淤泥质粉质黏土，易产生较大幅度的固结沉降。

# 三、浅层地热能开发利用地质条件分析

浅层地热能蕴藏在地下岩土体内，其储藏、运移及开采利用都受到区域地质、水文地质条件的严格制约，不同区域的资源利用方式和规模存在较大差异。岩土体组构、厚度、颗粒度、含水层厚度、富水性、水位埋深、补给径流条件等是制约浅层地温能赋存分布及可利用性的主要因素。

1）浅层地热能赋存条件分析

第四系松散层的厚度直接决定地层的热属性及经济性；松散孔隙含水层中的砂层厚度与地下水的储存量有直接关系，地下水作为热储存和热传导的媒介，一定程度地参与影响到冷、热能的扩散；地下水径流条件的优劣直接影响到冷、热能的扩散速度。

工作区第四纪地层厚度大，热属性好。地下岩土体主要为砂和黏土，无硬的岩石层，地层可钻性强，换热效果好。松散岩类孔隙水是主要的地下水类型，富水程度中–强，浅层地热能赋存条件较好，非常适合利用垂直地埋管地源热泵进行浅层地热能的开发利用。

2）浅层地热能开发利用地质条件分析

只有在对浅层地热能资源开发利用地质条件分析的基础上，才能正确选择开发利用方式，进一步进行工程勘查。因此说对浅层地热能资源开发利用地质条件分析是开展浅层地温能开发利用适宜性分区评价的基础，是浅层地温能工程勘查评价的前提，也是勘查评价方法选择和开发利用方式选择的依据，依据地质条件的分区，可以初步确定热泵系统的方式。

结合工作区的第四纪地质背景，就垂直地埋管方式，对工作区浅层地热能开发利用地质条件分析。

（1）第四系松散层的厚度直接决定地层的热属性及经济性，工作区内100m以浅地下岩土体主要为黏土和砂（细－中砂）或互层，均未钻遇岩石层，地层热属性好，地质条件好。

（2）松散孔隙含水层中的砂层厚度与地下水的储存量有直接关系，地下水作为热储存和热传导的媒介，一定程度地参与影响到冷、热能的扩散，工作区长三角沉积区砂层厚度及地下水储存量明显高于里下河沉积区，更适宜进行浅层地热能的开发。

（3）地层岩性及颗粒大小影响着地埋管成井费用和初投资。因此，地层颗粒大小是影响地埋管适宜性的重要因素。根据第七章对第四系三维岩性模型的分析，长三角沉积区中砂、中粗砂、粗砂等粗颗粒的沉积物占比最大，达52.32%，说明长三角沉积区第四纪以来沉积了大量的古长江携带的粗粒沉积物，长三角沉积区地层颗粒明显大于里下河沉积区地层颗粒，更适宜进行浅层地热能的开发。

因此，通过垂直地埋管方式进行浅层地热能开发时，地质条件的影响主要取决于工作区第四纪地层的分区。

# 第三节　基底填图成果应用

## 一、地热资源勘探条件分区

依据测区内地热资源的研究程度、地热储层分布、埋藏深度、厚度、地质构造发育情况等多种因素，采用综合指数法对测区内的地热资源勘查条件进行了分区，将测区地热资源勘查条件划分为良好区、较好区和一般区（图13-9）。

良好区：主要分布在泰州市市区以北、华港镇—溱潼镇—沈高镇以南地区，该区钻孔较多，研究程度高，位于苏北盆地泰州凸起区，具有较高的地温梯度与大地热流高，一些区域性断裂增强了深部砂岩、灰岩热储的富水性。区内热储层新近系、古近系砂层分布广、厚度大，寒武－奥陶系灰岩地层埋藏深度适中，岩溶裂隙发育，富水性好。

较好区：分布于河失镇－广陵镇、姜堰区以东地区，位于海安凹陷及黄桥低凸区，大地热流值与地温梯度较高；区内钻孔资料少，研究程度一般。区域性断裂增强了深部热储富水性。区内热储层新近系、古近系砂层分布范围广、厚度大，寒武－奥陶系地层在断裂构造较发育的地区，富水性强，地热地质条件较好。

一般区：主要分布于姜堰西南地区、泰兴、靖江其余地区，区内没有钻孔资料，研究程度较差。位于海安凹陷和南通隆起区，大地热流值与地温梯度较其他构造偏低，区内新近系、古近系厚度薄，埋藏浅，三叠系、二叠系在泰兴地区埋藏深度大于3000m；靖江地区灰岩埋藏深度小于600m，地热流体温度易散失。

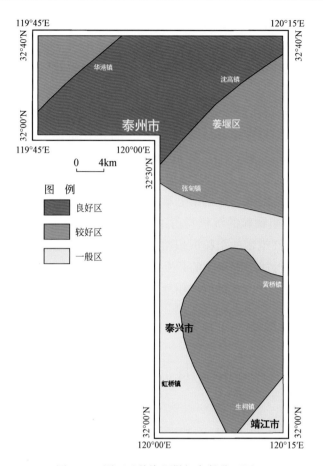

图 13-9 测区地热资源勘探条件分区图

## 二、区域地壳稳定性评价

### (一)区域地壳稳定性分级原则

区域地壳稳定性是指工程建设地区,在内、外动力(以内动力为主)的作用下,现今地壳及其表层的相对稳定程度,以及这种稳定程度与工程建筑之间的相互作用和影响(胡海涛,2001)。按稳定程度通常可以把区域稳定性划分为不稳定区、较不稳定区、较稳定区和稳定区四个级别。

评价方法主要参考《活动断层与区域地壳稳定性调查评价规范(1∶50000、1∶250000)》(DD 2015—02)中构造稳定性评价方法,选择地震、邻近 50km 范围内断层活动性、地球物理场特征及工程场地类别等主要判别指标。

不稳定区:区内地壳破碎呈块状、碎裂结构。存在强烈活动断裂或附近有强烈活动断裂,历史上是强震震中区,影响该区烈度可达Ⅸ度以上,并可能引起区内某些断裂复活及山体失稳、地表开裂。不宜建设或需采取特别防护措施才能进行建设的区域。

较不稳定区：指区域内地壳破碎呈块裂结构。区内或附近断裂活动性较强，影响烈度为Ⅷ-Ⅸ度，可能引起区内某些坡体失稳及某些地段地面发生震陷、变形破坏。该区为进行建筑必须抗震设防的区域，特别重要的建筑（如核电站）不宜建在本区。

较稳定区：区内地壳结构完整，断裂活动性较弱。但区内或附近存在发震构造，地震基本烈度为≤Ⅶ度，受邻区地震影响烈度也不大于Ⅶ度，地震作用对岩土体的稳定性影响不大。除特别重要的建筑物外，为一般建筑物可进行简易抗震设防的区域。

稳定区：区内地壳结构完整性好，断裂不活动。区内不存在发震构造，基本烈度为≤Ⅵ度，地表及表面处于稳定状态，地震活动低或处于无震状态。为一般建筑物不需要抗震设防的区域。

### （二）区域地壳稳定性初步评价

地壳稳定性评价一般需考虑两个方面：①影响区域稳定性的内、外动力地质作用；②所要研究地区现今地壳及其表层的特征。本项目在收集已有资料的情况下，主体考虑内动力因素，对测区内活动断裂和地震分布进行系统分析，部分参考《中国地震动参数区划图》（GB 18306—2001）、《工程地质调查规范（1：25000～1：50000）》（DZ/T 0097—1994）、《活动断层与区域地壳稳定性调查评价规范（1：50000、1：250000）》（DD 2015—02）等。

**1. 地震活动性特征**

测区内地震动峰值加速度以黄桥—泰兴沿线分为南北两侧，北侧为0.10g，地震烈度属于Ⅵ度区；南侧为0.05g，地震烈度属于Ⅶ度区。测区内发生的最大地震为泰州 M 2.5级（1992年），邻近测区西侧1624年发生过扬州 M 6.0级地震。

区内及周边相邻地区地震活动较频繁。据记载，1400年以来，发生大于5级地震3次，其中1次分布于南通市，2次分布于测区北东角海域。发生2～5级地震31次，小于2级地震计36次。

区域地震记录主要集中在1400年以后，1400年以前，因资料不全记录较少。自1400年以来，区域存在5个地震相对活跃期，分别为1475～1524年、1560～1624年、1651～1678年、1720～1792年、1842年至今。活跃期之间为相对平静期。活跃期持续的时间有增加的趋势。第五活跃期中又有三个相对活跃阶段，即1842～1866年（历时24年）、1907～1916年（历时9年）、1961～1981年（持续20年）。目前正处在地震活跃期。

该区及周边区域地震在空间分布上主要集中于东台—弶港一带及南通—姜堰一线，全区34次大于二级地震中有19次分布于东台—弶港一带，9次分布于南通—姜堰一线，多呈线状展布，震中位于测区的5级以上地震有3次，1次分布于南通市，2次分布于测区东北黄海海域。从近期发生的地震资料看，紧邻测区东侧的海域是地震易发区，其中大于5级地震超过4次，对测区沿海具有重大影响。

**2. 邻近 50km 范围内断层活动性**

对测区及邻区 50km 范围内活动断裂进行断层活动性分级，未见全新世以来强活动断层，整体属于受断层影响的弱活动区或无活动区，对应的构造稳定性分级属于次稳定级别或稳定级别。

**3. 地壳稳定性初步评价**

在此基础上，根据《活动断层区域地壳稳定性调查评价规范（1 ： 50000、1 ： 250000）》（DD 2015—02）中的评价方法，初步以地震动峰值加速度的分区确定测区以泰兴黄桥沿线划分，北侧属于构造次稳定区，南侧属于构造稳定区；其中北侧构造较稳定区根据潜在震源区震级上限差异以泰州—姜堰沿线进行进一步划分，北西侧属于构造次稳定区，南东侧属于构造次较稳定区，构造次较稳定区相对构造次稳定区更稳定（图 13-10）。

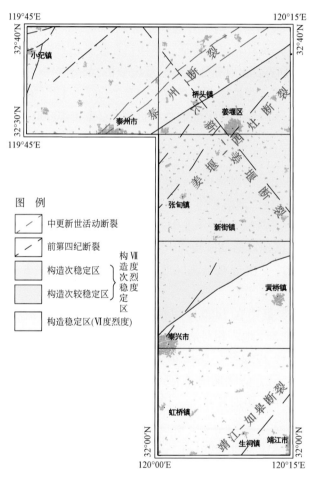

图 13-10　工作区构造稳定性评价

**4.对策建议**

测区断裂活动时间以早中更新世和前第四纪为主，未见晚更新世以来活动断裂。根据构造稳定性分区结果，泰兴—黄桥沿线北侧的构造次稳定区中，除特别重要的建筑物外，为一般建筑物可进行简易抗震设防的区域；泰兴—黄桥沿线南侧的构造稳定区为一般建筑物不需要抗震设防的区域，可作为重大工程和城市开发的优先选择区。

# 第十四章　结　束　语

本指南是结合江苏 1∶50000 港口、泰县、张甸公社、泰兴县、生祠堂镇幅平原区填图试点项目技术方法试验，以及在引用江苏其他平原地区填图技术方法应用效果的基础上撰写的，主要从 4 个填图阶段对平原区填图工作进行系统的梳理和总结，论述了浅层沉积物（0～4m）、第四纪以来松散层及基岩地质 3 个深度层次的有效地质填图技术方法、应用效果及成果图件表达。

（1）在江苏 1∶50000 港口等 5 幅平原区填图试点项目基础上，从填图目标、技术方法、地质成果、地质模型、应用探索 5 个方面，对长三角平原区填图工作进行了系统的梳理和总结。

（2）在试点区采用卫星遥感、数字高程模型、槽型钻方法组合开展浅表地质调查，可有效提高填图质量和效率，适用性强。

（3）通过浅层地震勘查、第四纪地质钻探、综合地球物理测井开展第四纪以来松散地层地质结构调查，在试点区应用效果好，可作为有效方法组合加以推广使用。

（4）通过对标准孔的古地磁、OSL、$^{14}$C、孢粉、微体古生物、重矿物及地球化学等多种指标，开展多重地层划分对比，建立第四纪地层框架的方法成熟。

（5）基岩地质调查采用重力、航磁等区域地球物理资料，结合浅层地震、钻探等手段进行综合解释，揭示基岩面起伏形态和基底构造，方法有效。

（6）建立了浅表、第四系、基岩面 3 个层次的地质结构模型，从浅表防污性能、浅层地热能、地热地质条件等多方面探索了填图成果的应用，对长三角平原区填图成果的推广应用具有重要意义。

# 参 考 文 献

陈报章，李从先，业治铮．1991．长江三角洲北翼全新统底界和"硬黏土层"的讨论．海洋地质与第四纪地质，11（2）：37-46．

陈华成，吴其切．1989．长江中下游地层志·寒武－第四系．合肥：安徽科学技术出版社．

陈焕疆．1963．现今石油普查的趋向和实验工作．石油实验地质，（4）：1-5．

陈宇坤，李振海，邵永新，王志胜，高武平，杨绪连．2008．天津地区第四纪年代地层剖面研究．地震地质，30（2）：383-399．

程瑜，李向前，赵增玉，张祥云，郭刚．2016．苏北盆地 TZK9 孔磁性地层及重矿物组合特征研究．地质力学学报，22（4）：994-1003．

程瑜，李向前，舒军武，赵增玉，张祥云，郭刚．2018．末次冰期以来长江三角洲的沉积特征和环境演化．第四纪研究，38（3）：746-755．

邓兵，李从先．1999．长江三角洲地区第一古土壤层及其古气候记录．海洋地质与第四纪地质，19（3）：29-37．

邓兵，李从先，张经，吴国瑄．2004．长江三角洲古土壤发育与晚更新世末海平面变化的耦合关系．第四纪研究，24（2）：222-230．

范代读，李从先，Kazumi Y．2006．河口地层独居石 Th（U）-Pb 年龄对长江贯通时限的约束．海洋地质动态，22（7）：11-15．

顾家伟．2006．东海外陆架浅部地层磁性特征及晚第四纪海平面波动意义．华东师范大学硕士学位论文．

郭平．2004．苏北盆地兴化孔晚更新世以来的古植被和古气候记录．南京师范大学硕士学位论文．

郭蓄民．1983．长江河口地区晚更新世晚期以来沉积环境的变迁．地质科学，4：402-408．

胡海涛．2001．区域地壳稳定性评价的"安全岛"理论及方法．地质力学学报，7（2）：97-103．

黄湘通，郑洪波，杨守业，Dekker M，谢昕，章振铨．2008．长江三角洲 dy03 孔磁性地层研究及其意义．海洋地质与第四纪地质，28（6）：87-93．

江苏省地质矿产局．1984．江苏省及上海市区域地质志．北京：地质出版社．

黎兵，魏子新，李晓，何中发，张开均，王张华．2011．长江三角洲第四纪沉积记录与古环境响应．第四纪研究，31（2）：316-328．

李保华，王强，李从先．2010．长江三角洲亚三角洲地层结构对比．古地理学报，12（6）：685-698．

李从先，范代读．2009．全新世长江三角洲的发育及其对相邻海岸沉积体系的影响．古地理学报，11（1）：115-122．

李从先，闵秋宝．1981．全新世长江三角洲顶部的海进时间和海面位置．同济大学学报，3：104-108．

李从先, 张桂甲 . 1996a. 晚第四纪长江三角洲高分辨率层序地层学的初步研究 . 海洋地质与第四纪地质, 16 (3): 13-24.

李从先, 张桂甲 . 1996b. 下切古河谷高分辨率层序地层学研究的进展 . 地球科学进展, 11 (2): 216-219.

李从先, 王靖泰, 李萍 . 1979. 长江三角洲沉积相的初步研究 . 同济大学学报, 2 (9): 1-14.

李从先, 闵秋宝, 孙和平 . 1986. 长江三角洲南翼全新世地层和海侵 . 科学通报, 31 (21): 1650-1653.

李向前, 赵增玉, 程瑜, 郭刚, 盛君, 金永念, 张祥云 . 2016. 平原区多层次地质填图方法及成果应用——以江苏港口, 泰县, 张甸公社, 泰兴县, 生祠堂镇幅平原区 1 : 50000 填图试点为例 . 地质力学学报, 22 (4): 822-836.

刘金陵 . 1996. 根据孢粉资料推论长江三角洲地区 12000 年以来的环境变迁 . 古生物学报, 35 (2): 136-154.

明镜 . 2012. 基于钻孔的三维地质模型快速构建及更新 . 地理与地理信息科学, 28 (5): 55-59.

明镜, 潘懋, 屈红刚, 刘学清, 郭高轩, 吴自兴 . 2009. 北京市新生界三维地质结构模型构建 . 北京大学学报: 自然科学版, 45 (1): 111-119.

缪卫东, 李世杰, 王润华 . 2008. 长江三角洲北翼 J9 孔揭示地层和古地磁特征 . 中国地质, 35 (3): 489-495.

单树模, 王维屏, 王庭槐 . 1980. 江苏地理 . 南京: 江苏人民出版社 .

舒强 . 2004. 苏北盆地兴化钻孔近 3Ma 环境变化记录研究 . 南京师范大学博士学位论文 .

舒强, 张茂恒, 赵志军, 陈晔, 李吉均 . 2008. 苏北盆地 XH-1 钻孔晚新生代沉积记录特征及其与长江贯通时间的关联 . 地层学杂志, 32 (3): 308-314.

孙顺才, 伍贻范 . 1987. 太湖形成演变与现代沉积作用 . 中国科学 B 辑, 17 (12): 1329-1339.

覃军干, 吴国瑄, 郑洪波, 李从先 . 2004. 从孢粉、藻类化石组合看长江三角洲第一硬质黏土层的成因及其古环境意义 . 第四纪研究, 24 (5): 546-554.

王节涛, 李长安, 杨勇, 王秋良 . 2009. 江汉平原周老孔中碎屑锆石 LA-ICPMS 定年及物源示踪 . 第四纪研究, 29 (2): 343-351.

王靖泰, 汪品先 . 1980. 中国东部晚更新世以来海面升降与气候变化的关系 . 地理学报, 4: 299-312.

王靖泰, 郭蓄民, 许世远, 李萍, 李从先 . 1981. 全新世长江三角洲的发育 . 地质学报, 1 (9): 67-81.

王张华, 丘金波, 冉莉华, 严学新, 李晓 . 2004. 长江三角洲南部地区晚更新世年代地层和海水进退 . 海洋地质与第四纪地质, 24 (4): 1-8.

王张华, 赵宝成, 陈静, 李晓 . 2008. 长江三角洲地区晚第四纪年代地层框架及两次海侵问题的初步探讨 . 古地理学报, 10 (1): 105-116.

吴标云, 李从先 . 1987. 长江三角洲第四纪地质 . 北京: 海洋出版社 .

吴冲龙 . 2004. 资源信息系统教程 . 北京: 地质出版社 .

萧家仪, 王丹, 吕海波, 赵志军, 舒强, 陈晔, 郭平 . 2005. 苏北盆地晚更新世以来的孢粉记录与气候地层学的初步研究 . 古生物学报, 44 (4), 591-598.

胥勤勉, 袁桂邦, 辛后田, 潘桐 . 2014. 平原区 1 : 5 万区域地质调查在生态文明建设中的作用——以渤海湾北岸为例 . 地质调查与研究, 37 (2): 85-89.

严钦尚，洪雪晴，严钦尚，许世远. 1987. 长江三角洲南部平原全新世海侵问题. 海洋学报（中文版），9（6）：744-752.

杨达源，陈可锋，舒肖明. 2004. 深海氧同位素第3阶段晚期长江三角洲古环境初步研究. 第四纪研究，24（5）：525-530.

杨怀仁，谢志仁. 1984. 中国东部近20000年来的气候波动与海面升降运动. 海洋与湖沼，15（1）：1-13.

杨競红，王颖，张振克，Guilbault J P，毛龙江，魏灵，郭伟，李书恒，徐军，季小梅. 2006. 苏北平原2.58Ma以来的海陆环境演变历史——宝应钻孔沉积物的常量元素记录. 第四纪研究，26（3）：340-352.

于振江，张于平，王润华，梁晓红. 2004. 长江三角洲（江南）地区新近纪地层划分及时代讨论. 地层学杂志，28（3）：257-264.

张家强，张桂甲，李从先. 1998. 长江三角洲晚第四纪地层层序特征. 同济大学学报：自然科学版，26（4）：438-442.

张平，李向前，潘明宝，宗开红，苗巧银，李永祥，欧键，冯文立，季文婷，刘维明. 2013. 长江三角洲SZ04孔磁性地层研究及其意义. 沉积学报，31（6）:1041-1049.

赵松龄，杨光复，苍树溪，张宏才，黄庆福. 1978. 关于渤海湾西岸海相地层与海岸线问题. 海洋与湖沼，9（1）：15-25.

赵希涛，耿秀山，张景文. 1979. 中国东部20000年来的海平面变化. 海洋学报（中文版），1（2）：269-281.

中国科学院海洋研究所. 1985. 渤海地质. 北京：科学出版社.

朱良峰，潘信. 2005. 河流侵淤作用下三维地层模型的构建. 岩土力学，（增1）：65-68

朱良峰，吴信才，刘修国，尚建嘎. 2004. 基于钻孔数据的三维地层模型的构建. 地理与地理信息科学，20（3）：26-30.

朱森，李捷，李毓尧. 1935. 宁镇山脉地质图. 南京：国立中央研究院地质研究所.

Berger A，Loutre M F. 1991. Insolation values for the climate of the last 10 million years. Quaternary Science Reviews，10（4）：297-317.

Hori K，Saito Y，Zhao Q H，Cheng X R，Wang P X，Sato Y，Li C X. 2001a. Sedimentary facies of the tide-dominated paleo-Changjiang（Yangtze）estuary during the last transgression. Marine Geology，177（3-4）：331-351.

Hori K，Saito Y，Zhao Q H，Cheng X R，Wang P X，Sato Y，Li C X. 2001b. Sedimentary facies and Holocene progradation rates of the Changjiang（Yangtze）delta，China. Geomorphology，41（2），233-248.

Hori K，Saito Y，Zhao Q H，Wang P X. 2002a. Evolution of the coastal depositional systems of the Changjiang（Yangtze）River in response to late Pleistocene-Holocene sea-level changes. Journal of Sedimentary Research，72（6）：884-897.

Hori K，Saito Y，Zhao Q H，Wang P X. 2002b. Architecture and evolution of the tide-dominated Changjiang（Yangtze）River delta，China. Sedimentary Geology，146（3）：249-264.

Lambeck K，Chappell J. 2001. Sea level change through the last glacial cycle. Science，292（5517）：679-686.

Lemon A M，Jones N L. 2003. Building solid models from boreholes and user-defined cross-sections. Computers

& Geosciences, 29 (5): 547-555.

Li Z, Song B, Saito Y, Li J, Li Z, Liu A Q. 2009. Sedimentary facies and geochemical characteristics of Jiangdou Core JD01 from the upper delta plain of Changjiang (Yangtze) delta. Proceedings of the 27th IAS meeting of sedimentologists. Medimond, Italy, 7 (9): 55-63.

Lin J X, Dai L P, Wang Y, Min L. 2012. Quaternary marine transgressions in eastern China. Journal of Palaeogeography, 1 (2): 105-125.

Liu J, Saito Y, Wang H, Zhou Z G. 2009. Stratigraphic development during the Late Pleistocene and Holocene offshore of the Yellow River delta, Bohai Sea. Journal of Asian Earth Sciences, 36 (4): 318-331.

Liu J, Saito Y, Kong X H, Wang H, Wen C, Yang Z G, Nakashima R. 2010. Delta development and channel incision during marine isotope stages 3 and 2 in the western South Yellow Sea. Marine Geology, 278 (1-4): 54-76.

Marcott S A, Shakun J D, Clark P U, Mix A C. 2013. A reconstruction of regional and global temperature for the past 11, 300 years. Science, 339 (6124): 1198-1201.

Miller K G, Kominz M A, Browning J V, Wright J D, Mountain G S, Katz M E, Sugarman P J, Cramer B S, Blick N C, Pekar S F. 2005. The Phanerozoic record of global sea-level change. Science, 310 (5752): 1293-1298.

Song B, Li Z, Saito Y, Okuno J C, Li Zhen, Lu A Q, Hua D, Li J, Li Y X, Nakashima R. 2013. Initiation of the Changjiang (Yangtze) delta and its response to the mid-Holocene sea level change. Palaeogeography, Palaeoclimatology, Palaeoecology, 388: 81-97.

Sun Z, Gang L, Yong Y. 2015. The Yangtze River Deposition in Southern Yellow Sea during Marine Oxygen Isotope Stage 3 and its Implications for Sea-Level Changes. Quaternary Research, 83 (1): 204-215.

Uehara K, Saito Y, Hori K. 2002. Paleotidal regime in the Changjiang (Yangtze) Estuary, the East China Sea, and the Yellow Sea at 6 ka and 10 ka estimated from a numerical model. Marine Geology, 183 (1): 179-192.

Wang Y, Li G, Zhang W, Dong P. 2014. Sedimentary environment and formation mechanism of the mud deposit in the central South Yellow Sea during the past 40kyr. Marine Geology, 347 (2): 123-135.

Wang Z, Jones B G, Chen T, Zhao B C, Zhan Q. 2013. A raised OIS 3 sea level recorded in coastal sediments, southern Changjiang delta plain, China. Quaternary Research, 79 (3): 424-438.

Yi L, Yu H J, Ortiz J D, Xu X Y, Chen S L, Ge J Y, Hao Q Z, Yao J, Shi X F, Peng S Z. 2012. Late Quaternary linkage of sedimentary records to three astronomical rhythms and the Asian monsoon, inferred from a coastal borehole. Palaeogeography, Palaeoclimatology, Palaeoecology, 329 (3): 101-117.

Yi S, Saito Y, Zhao Q, Wang P X. 2003. Vegetation and climate changes in the Changjiang (Yangtze river) Delta, China, during the past 13, 000 years inferred from pollen records. Quaternary Science Reviews, 22 (14): 1501-1519.

Zheng H, Clift P D, Wang P, Tada R, Jia J T, He M Y. 2013. Pre-Miocene birth of the Yangtze River. Proceedings of the National Academy of Sciences, 110 (19): 7556-7561.